"十二五"职业教育国家规划教材 修订版

经全国职业教育教材审定委员会审定

焊接电工

HANJIE DIANGONG

主　编　姚锦卫

副主编　赵　国

参　编　李帅伦　康　金　马彦昉

U0255536

第 2 版

机械工业出版社

CHINA MACHINE PRESS

本书是"十二五"职业教育国家规划教材修订版，是根据教育部公布的焊接技术应用专业教学标准和最新电工职业资格标准，结合职业教育人才培养目标，兼顾"1+X"证书要求，采用项目引领、任务驱动的形式编写而成的，体现了"做中学、做中教"的职业教育特色。

　　全书共分5个模块15个项目，计45个学习任务，主要内容包括认识实训环境与安全用电、电路基础、电子技术、电工技术、焊接设备的故障维修与保养。其中，电路基础包括直流电路、交流电路，电工技术包括磁路与变压器、弧焊变压器、焊接车间用风机和电动机控制电路，将基本定理定律、元器件识别与检测、电工工具仪表使用、电路原理分析等融于各个项目中，旨在使学生在项目实践过程中掌握专业知识和岗位技能，有利于学生综合素质的提高。

　　为便于教学，本书将原理动画、微课、教学视频等以二维码形式插入到相关内容处，并配套有电子教案、助教课件、试题库等教学资源，选择本书作为教材的教师可来电（010-88379375）索取，或登录 www.cmpedu.com 网站，注册、免费下载。在超星学习通平台建有"焊接电工"课程示范教学包，授课教师可一键建课。

　　本书内容浅显、可操作性强、立体化配套完善，可作为中等职业学校、技工院校焊接技术应用专业及相关专业教学用书，也可作为高职院校教学用书、考证培训参考用书或在岗人员的自学用书。

图书在版编目（CIP）数据

焊接电工／姚锦卫主编. —2版. —北京：机械工业出版社，2021.5
（2024.1重印）

"十二五"职业教育国家规划教材：修订版
ISBN 978-7-111-68238-7

Ⅰ.①焊… Ⅱ.①姚… Ⅲ.①焊接-电工-职业教育-教材 Ⅳ.①TG43

中国版本图书馆 CIP 数据核字（2021）第 091338 号

机械工业出版社（北京市百万庄大街22号　邮政编码100037）
策划编辑：王海峰　责任编辑：王海峰
责任校对：肖　琳　封面设计：张　静
责任印制：邰　敏
北京富资园科技发展有限公司印刷
2024年1月第2版第3次印刷
184mm×260mm · 16.5 印张 · 265 千字
标准书号：ISBN 978-7-111-68238-7
定价：49.80元

电话服务　　　　　　　　　网络服务
客服电话：010-88361066　　机 工 官 网：www.cmpbook.com
　　　　　010-88379833　　机 工 官 博：weibo.com/cmp1952
　　　　　010-68326294　　金 书 网：www.golden-book.com
封底无防伪标均为盗版　机工教育服务网：www.cmpedu.com

前　言

本书是在"十二五"职业教育国家规划教材《焊接电工》基础上修订而成的。本次重印动态更新认真贯彻党的二十大精神和理念，以学生的全面发展为培养目标，融"知识学习、技能提升、素质培养"于一体，严格落实立德树人根本任务。

本书以学生综合素质培养为出发点，力争达到如下目标：使学生掌握必备的直流电路、交流电路、电子电路、变压器与弧焊变压器、控制电路、典型焊接设备的故障维修与保养等基础知识和基本技能，具有分析和处理生产与生活中一般电工技术问题的基本能力，为获得相应的职业资格证书打下基础，同时培养学生的职业道德与职业意识，提高学生的综合素质与职业能力，增强学生适应职业变化的能力，为学生职业生涯的发展奠定基础。

《焊接电工》一书自 2013 年出版后，以其鲜明的职业教育特色、科学合理的内容、完善实用的资源配套，受到了广大院校师生的欢迎。此次修订在保留第 1 版主体内容与特色的基础上，对内容进行了优化、补充和调整，主要做了以下几个方面的修订工作。

（1）落实立德树人　每个模块增加了"工匠成长案例"，通过劳动模范、技能大师的励志小故事，将立德树人融入教材，弘扬爱国情怀、工匠精神和劳模精神。

（2）注重产教融合，更新教学内容　增加了电气火灾的防范与扑救、焊接车间除尘设备、数字式万用表的使用等内容，更新了触电现场救护的技术标准。

（3）书中添加了二维码　将书中的重、难点内容，制作了原理动画、微课、教学视频等教学资源，并以二维码的形式插入到相关内容处，读者可以随时扫

码学习。

（4）适应"1+X"证书要求　根据电工职业资格鉴定要求，对有关内容进行了调整，从电工考证题库中精选了部分习题补充到教材练习题中，以为学生考取职业资格证书打下坚实的基础。

（5）突出了"做中学"的职业教育特色　在技能训练项目中融入对规范操作意识、安全意识、节约意识、环保意识的培养，在评价中增加了职业能力和思政等方面的考核。

本书教学学时分配建议如下，任课教师可根据本学校的具体情况做适当调整。

模块	内容	学时	模块	内容	学时
模块一	认识实训环境与安全用电	6	模块四	电工技术	18
模块二	电路基础	14	模块五	焊接设备的故障维修与保养	8
模块三	电子技术	14	合计		60

本书由河北省科技工程学校姚锦卫任主编并统稿，广西机电技师学院赵国任副主编。参加本书修订的还有河北省科技工程学校李帅伦、河北石油职业技术大学康金、中国石油天然气管道通信电力工程有限公司马彦昉。其中，项目一~项目三由赵国修订，项目四和项目五由马彦昉修订，项目六~项目八由康金修订，项目九~项目十一由李帅伦修订，项目十二~项目十五由姚锦卫修订。本书由扈成林主审，他对本次修订提出了许多宝贵的意见和建议，在此表示诚挚的谢意。

焊接技术专家、劳动模范杨永磊、牛连山、曹遂军、廖国锋、易泽武为本书提供了丰富的案例资料；上海数林软件有限公司朱松、史怀亮参与制作了部分教学资源；在编写过程中，参阅了多位专家学者编写的教材和资料。在此一并表示衷心感谢！

为使本书理念、内容、体例和呈现形式不断提高和完善，恳请广大读者提出意见和建议。

编　者

二维码索引

（续）

序号	名称	图形	页码	序号	名称	图形	页码
13	常用电感器外形		142	19	单向连续运行电路		183
14	小型变压器结构原理		146	20	按钮		185
15	三相异步电动机		169	21	交流接触器		186
16	熔断器		173	22	热继电器		189
17	低压断路器		174	23	正反转控制电路		196
18	点动控制电路		177	24	双重联锁正反转控制电路		197

目　录

模块三　电子技术

模块一

认识实训环境与安全用电

项目一 认识实训环境

职业岗位应知应会目标···

知识目标：
➤ 了解实训室电源配置
➤ 了解实训室操作规程
➤ 了解"6S"现场管理

技能目标：
➤ 能正确使用试电笔
➤ 认识常用电工工具

素养目标：
➤ 严谨认真、规范操作
➤ 合作学习、团结协作
➤ 安全意识、爱岗敬业、劳动精神

任 务 一　认识实训室

在老师的带领下进入实训室，了解实训室操作规程，在实训过程中应自觉服从。现以某校电工电子实训室为例（图1-1），简要介绍实训室操作规程、常用电工工具和电源配置。

图1-1　电工电子实训室

1. 实训室操作规程

一般实训室操作规程如下：

1）学生应按时上下课，严格遵守操作规程，注意保持实训室整洁，共同维持良好的实训秩序。

2）操作前，应明确操作要求、操作顺序及所用设备的性能指标。

3）连接电路前，应检查本组实训设备、仪器仪表和工具等是否齐全和完好，若有缺损，及时报告指导教师。

4）连接电路时，先接设备，后接电源；拆卸电路时顺序相反。

5）电路接好后，先认真自查，再请指导教师复查，确认无误后，再给实训台送电，绝不允许学生擅自合闸送电。

6）读取并记录分析相关电路动作现象，操作中应确保人身和设备安全。

7）实训时若遇到异常现象或疑难问题，应立即切断电源进行检查，禁止带电操作。排除故障后，经指导教师同意，方可重新送电。

8）实训完成后，断开本组电源，教师检查实训结果无误后方可拆线。

9）清点器材并归还原处，若有丢失或损坏应及时向指导教师说明，经指导教师允许后方可离开实训室。

2. 常用电工工具

常用电工工具指的是一般的电工岗位常使用的工具，有试电笔、偏口钳、尖嘴钳、剥线钳、电工刀、螺钉旋具、电烙铁等，如图 1-2 所示。电工工具是电工必备的工具，每一名合格的电工都必须熟练使用，这些工具在以后的工作和学习中都会用到。

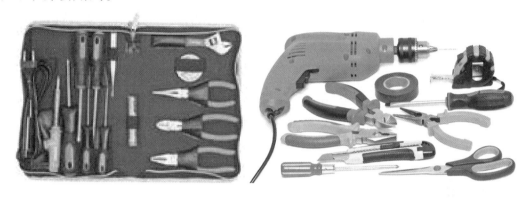

图 1-2　常用电工工具

3. 认识实训台电源

实训室中多是三相电源供电，实训台提供的交流电源有三相四线制电源和三相五线制电源两种。三相四线制是三根相线（U、V、W），一根中性线（N）。三相五线制电源比三相四线制电源多一根保护接地线（PE）。如图 1-3a 所示为三相四线制电源，图 1-3b 所示为三相五线制电源。

a)　　　　　　　　　　　　　　b)

图 1-3　实训台电源

电路需要给电时，应将电源开关（实验台应使用带有漏电保护的低压断路器）闭合（向上推），实验后应关闭电源开关（向下拉）。注意图 1-3a 左上角、

图 1-3b 右上角所示的红色蘑菇形急停按钮，可在紧急情况下直接按下，以避免发生机械事故或人身事故。

任务二 检测实训台电源

通过用试电笔检测实训台电源或教室墙上的插座等，掌握低压试电笔的使用方法。

1. 认识试电笔

试电笔又称电笔或低压验电器，是检测电线、家用电器、电气设备是否带电的一种常用工具，常用的有钢笔式和螺钉旋具式两种。常见低压试电笔的电压测量范围为 60～500V，高于 500V 的电压要使用高压验电器来测量。

试电笔由笔尖金属体、电阻、氖管、笔身、小窗、弹簧和笔尾金属体组成，如图 1-4 所示。

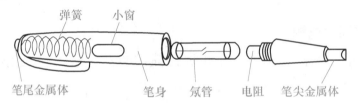

图 1-4　试电笔的结构

使用试电笔时，手要接触笔尾金属体，但一定不要触及笔尖金属体，以免发生触电事故，氖管小窗要朝向自己，以便观察，试电笔的握笔方法如图 1-5 所示。

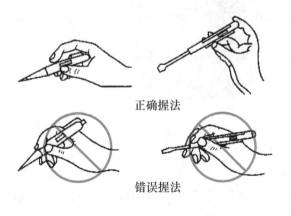

图 1-5　试电笔的握笔方法

将试电笔的笔尖金属体触碰带电体，使带电体、试电笔、人体和大地构成通路。带电体电压达到一定值，试电笔氖管就发光。

 职业标准链接

试电笔使用规范

❖ 试电笔使用前应在确有电源处测试检查，确认试电笔良好后方可使用。

❖ 验电时应将试电笔逐渐靠近被测体，直至氖管发光。只有在氖管不发光时，并在采取防护措施后，才能与被测物体直接接触。

❖ 在明亮的光线下测试带电体时，应特别注意氖泡是否真的发光（或不发光），必要时可用另一只手遮挡光线仔细判别。

2. 检测实训台电源

合上电源开关，用试电笔来测试实验台上电压引出端是否有电，并做好记录于表1-1中。试电笔发光的在相应空格中打"√"。

表1-1 检测实训台电源记录

检 测 点	试电笔是否发光	检 测 点	试电笔是否发光
U		PE	
V		6V	
W		15V	
N		20V	

 特别提示

❖ 正常电路中，测试相线时试电笔发光，测试中性线时试电笔不发光。

❖ 试电笔不亮不代表该地一定没电。由于常见低压试电笔的电压测量范围为60~500V，因而测量6V、15V、20V等较低电压时试电笔不亮。

任 务 三 "6S" 现场管理

"6S管理"是现代工厂行之有效的现场管理理念和方法，为了学生将来能

更快地适应企业要求，在日常教学训练中要注意养成教育，培养学生的 6S 标准意识。

6S 是指 SEIRI（整理）、SEITION（整顿）、SEISO（清扫）、SEIKETSU（清洁）、SHITSUKE（素养）、SECURITY（安全）。6S 中各项的含义如图 1-6～图 1-8 所示。

图 1-6　整理、整顿的含义

图 1-7　清扫、清洁的含义

图 1-8　素养、安全的含义

1）整理（SEIRI）——将学习、生活、实训场所的所有物品区分为"有必要的"和"没有必要的"，必要的留存，不必要的移走或清除。

目的：腾出空间，活用空间，防止误用，塑造有序的学习、生活和工作场所。

2）整顿（SEITION）——把留下来的必要用的物品依规定位置摆放整齐，并加以标示。

目的：学习场所一目了然、整整齐齐，避免因寻找物品而浪费时间。

3）清扫（SEISO）——将学习、生活、实训场所内看得见与看不见的地方清洁干净。

目的：清除杂物，减少污染，净化学习、生活和工作环境。

4）清洁（SEIKETSU）——就是将整理、整顿、清扫进行彻底，保持整洁。

目的：创设干净亮丽的学习、生活和工作环境。

5）素养（SHITSUKE）——遵守规章制度，严守纪律和标准，培养积极主动精神，提升职业素养。

目的：形成良好的习惯和素质，打造优秀的团队精神。

6）安全（SECURITY）——树立"安全第一"观念，预防、杜绝、消除一切不安全因素和现象，并建立切合实际的安全预案。

目的：重视成员安全教育，每时每刻都有安全第一观念，防患于未然。

施行 6S 后场所洁净整洁、工具材料摆放有序，区域划分明确、有标识有定位、规章制度齐全，图 1-9 所示为某校实训场所。

图 1-9　某校实训场所

项目二　安全用电

职业岗位应知应会目标…

知识目标：
➤ 认识安全用电标志
➤ 了解漏电与触电
➤ 了解焊接防触电措施

技能目标：
➤ 掌握口对口人工呼吸技术要求
➤ 掌握胸外心脏按压技术要求
➤ 掌握心肺复苏技术要求

素养目标：
➤ 严谨认真、规范操作
➤ 合作学习、团结协作
➤ 安全意识、规则意识、社会责任感

任 务 一 安全用电常识

只有懂得安全用电常识，才能正确使用电能，避免发生触电事故，保护人身和设备的安全。观察身边的用电设备，想一想它们采用了哪些安全防范措施。

1. 观察安全用电标志

安全标志分为颜色标志和图形标志。颜色标志常用来区分各种不同性质、不同用途的导线，或用来表示某处的安全程度。图形标志一般用来告诫人们不要去接近有危险的场所。为保证安全用电，必须严格按照有关标准使用颜色标志和图形标志。

（1）颜色标志 明确统一的标志是保证用电安全的一项重要措施。统计表明，不少电气事故就是由于标志不统一而造成的。例如，由于导线的颜色不统一，误将相线接设备的机壳，而导致机壳带电，酿成触电伤亡事故。我国一般采用的安全色有以下几种：

1）红色：用来标志禁止、停止和消防，如信号灯、信号旗、机器上的紧急停机按钮等都是用红色来表示"禁止"的信息。

2）黄色：用来标志注意危险，如"当心触电""注意安全"等。

3）绿色：用来标志安全无事，如"在此工作""已接地"等。

4）蓝色：用来标志强制执行，如"必须戴安全帽"等。

5）黑色：用来标志图像、文字符号和警告标志的几何图形。

按照规定，为便于识别、防止误操作，确保运行和检修人员的安全，采用不同颜色来区别设备特征。如电器的三相母线，U 相为黄色，V 相为绿色，W 相为红色，保护接地线用黄绿双色线。

（2）图形标志 常见的安全用电图形标志如图 2-1 所示，具体规定可参看封二、封三内容。

图 2-1 常见的安全用电图形标志

（3）观察实践

1）观察学校配电室、配电箱上面或其他用电设备上的安全标志。

2）观察实验台出线端钮的颜色是否符合标准，将对应的颜色填入括号，U（　　　）、V（　　　）、W（　　　）。

3）某低压开关控制柜在安装时，需要接保护接地线（PE），你知道保护接地线是何种颜色的吗？

2. 安全电压

我国安全电压额定值的等级为 42V、36V、24V、12V 和 6V，应根据作业场所、操作员条件、使用方式、供电方式、线路状况等因素选用。凡手提照明灯，危险环境和特别危险环境的携带式电动工具，一般采用 42V 或 36V 安全电压；凡金属容器内、隧道内、矿井内等工作地点狭窄、行动不便，以及周围有大面积接地导体的环境，应采用 24V 或 12V 安全电压；除上述条件外，特别潮湿的环境采用 6V 安全电压。

3. 触电

触电是指因人体接触或靠近带电体而导致一定量的电流通过人体，使人体组织损伤并产生功能障碍、甚至死亡的现象。按照人体受伤程度不同，触电可分为电击和电伤两种类型。电击是指电流通过人体时，使内部组织受到较为严重的损伤。电伤一般是指由于电流的热效应、化学效应和机械效应对人体外部造成的局部伤害，如电弧伤、电灼伤等。

（1）触电对人体的伤害　电流对人体伤害的严重程度一般与通过人体电流的大小、时间、部位、频率和触电者的身体状况有关。流过人体的电流越大，时间越长，危险越大；50～60Hz 的交流电对人体来说最危险。电流通过人的脑部和心脏时最为危险；工频电流的危害要大于直流电流。按照人体对电流生理反应的强弱和电流的伤害程度，可将电流分为三级：

1）感知电流：人体能够感觉到的最小电流。

2）摆脱电流：人体可以摆脱掉的最大电流。

3）致命电流：大于摆脱电流，能够置人于死地的最小电流。

特别提示

❖ 一般情况下取 30mA 为安全电流，在有高度危险的场所，安全电流应取 10mA，在空中和水面触电时，取 5mA 为安全电流。

（2）触电方式　人体触电的方式主要有单相触电、两相触电、跨步电压触电和接触电压触电等，如图 2-2 所示。

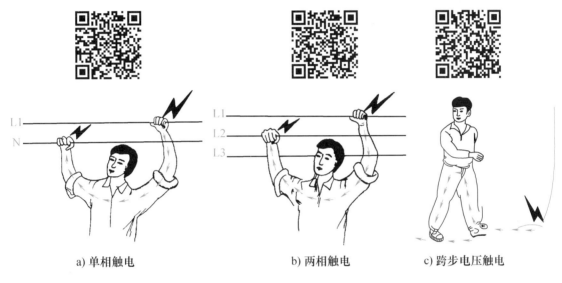

a) 单相触电　　　　　b) 两相触电　　　　　c) 跨步电压触电

图 2-2　常见触电方式

任务二　焊接安全用电

1. 焊接作业现场的危险因素

焊接时发生的触电事故分为直接触电事故和间接触电事故。引起触电事故的常见因素有如下几个方面。

（1）焊接时发生直接触电事故的原因

1）手或身体的某部位接触到焊条或焊钳的带电部分，而脚或身体的其他部位对地面又无绝缘，特别是在金属容器内、阴雨潮湿的地方或身上大量出汗时，容易发生这种电击事故。

2）在接线或调节电焊设备时，手或身体某部位碰到接线柱、极板等带电体

而触电。

3）在登高焊接时，触及或靠近高压电网引起的触电事故。

（2）焊接时发生间接触电事故的原因

1）电焊设备漏电，人体触及带电的壳体而触电。造成电焊机漏电的常见原因是由于潮湿而使绝缘损坏、长期超负荷运行或短路发热使绝缘损坏、电焊机安装的地点和方法不符合安全要求。

2）电焊变压器的一次绕组与二次绕组之间绝缘损坏，错接变压器接线，将二次绕组接到电网上去，或将采用220V的变压器接到380V电源上，手或身体某一部分触及二次回路或裸导体。

3）触及绝缘层损坏的电缆、胶木闸盒、损坏的开关等。

4）由于利用厂房的金属结构、管道、轨道、起重机、吊钩或其他金属物搭接作为焊接回路而发生触电。

2. 识别工作中的危险

指出图 2-3 中的错误之处。

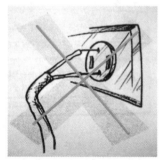

图 2-3　识别工作中的危险

3. 焊接作业防触电措施

金属焊接切割作业时不按规范操作，容易发生伤亡事故，对操作者本人、他人及周围设施、设备的安全造成重大危害。从统计资料分析，大量事故都是由于直接从事这些作业的操作人员缺乏安全知识、安全操作技能或违章作业造成的。

防范措施如下：

1）正确穿戴防护用品，如采用绝缘橡胶衬垫、穿绝缘鞋、戴绝缘手套等。

2）更换焊条或焊丝时，焊工必须使用焊工手套，要求焊工手套应保持干燥、绝缘可靠。

3）焊接切割设备外壳、电气控制箱外壳应设保护接地或保护接零装置。

4）焊接切割设备应设有独立的电气控制箱，箱内应装有熔断器、过载保护开关、漏电保护装置和空载自动断电装置。

5）焊接切割设备要有良好的隔离防护装置，伸出箱体外的接线端应用防护罩盖好，有插销孔接头的设备，插销孔的导体应隐蔽在绝缘板平面内。

6）电缆外壳应完整无损、绝缘良好。不能将电缆靠近热源。严禁将电缆放在气瓶或其他易燃物品的容器上。

7）严禁操作者将焊接电缆缠绕在身上。

 职业标准链接

焊接用电规范

❖ 禁止多台焊机共用一个电源开关。

❖ 在光线不足的较暗环境工作，必须使用手提工作行灯，在一般环境中，使用的照明灯电压不超过36V。在潮湿、金属容器等危险环境中，照明行灯电压不得超过12V。

❖ 焊机的一次电源线，长度一般不要超过2~3m，如需较长电缆时，不要将电缆放在地面上，应沿墙或立柱用瓷瓶隔离布设，其高度必须距地面2.5m以上。

任务三 触电现场急救

【任务描述】

一触电者躺在地上，身上搭着一根导线，请问你该如何救护？

【任务实施】

1）使触电者迅速脱离电源。

2）脱离电源后简单诊断。

3）进行触电急救。

【知识技能准备】

一、触电的现场抢救

1. 抢救原则

现场触电急救的原则可总结为八个字：迅速、就地、准确、坚持。

2. 使触电者尽快脱离电源的方法

对于低压触电，可采用拉 、切、挑、拽、垫的方法，完成切断电源或使触电人与电源隔离。对于高压触电，则应采取通知供电部门，使触电电路停电，或用电压等级相符的绝缘拉杆拉开跌落式熔断器切断电路。

对任务描述中的情形，可用干木棒等绝缘物挑开触电者身上的导线。

3. 伤员脱离电源后的处理

触电者脱离电源后，迅速将其安放在通风、凉爽的地方，让其仰卧，探查有无心跳、有无呼吸、瞳孔是否放大，根据触电者情形判断应采取何种措施施救。

1）触电者神志尚清醒，但感觉头晕、心悸、出冷汗、恶心、呕吐等，应让其静卧休息，减轻心脏负担。

2）触电者神志有时清醒，有时昏迷。应静卧休息，并请医生救治。

3）触电者无知觉，有呼吸、心跳。在请医生的同时，应施行人工呼吸。

4）触电者呼吸停止，但心跳尚存，应施行人工呼吸；如心跳停止，呼吸尚存，应采取胸外心脏按压法；如呼吸、心跳均停止，则必须采用心肺复苏法，即同时采用人工呼吸法和胸外心脏按压法进行抢救。

二、触电急救模拟训练

1. 口对口人工呼吸法

口对口人工呼吸法技术要领见表 2-1。

表 2-1 口对口人工呼吸法技术要领

适 用 情 况	图 示	方 法 说 明
触电者有心跳而呼吸停止		进行人工呼吸前首先要迅速解开触电者的衣领、腰带等妨碍呼吸的衣物，检查口腔并确认无异物

（续）

适用情况	图　示	方法说明
触电者有心跳而呼吸停止		将触电者仰卧放置，用一只手放在触电者前额，另一只手的手指将其下颌骨向上抬起，两手协同将触电者头部推向后仰，以利呼吸道畅通（即"抬头仰颌法"）
		救护人位于触电者一侧，用一只手捏紧其鼻孔，不漏气；用另一只手将其下颌拉向前下方，使其嘴巴张开。可在其嘴上盖一层纱布，救护人深吸一口气后紧贴触电者的口（或鼻）向内吹气，为时约2s
		吹气完毕，立即离开触电者的口（或鼻），并松开触电者的鼻孔（或嘴唇），让他自行呼气，为时约3s，坚持连续进行，不可间断，直到触电者苏醒为止

口对口人工呼吸法口诀：病人仰卧平地上，鼻孔朝天颈后仰；首先清理口鼻腔，然后松扣解衣裳；捏鼻吹气要适量，排气应让口鼻畅；吹两秒来停三秒，五秒一次最恰当。

2. 胸外心脏按压法

胸外心脏按压法技术要领见表2-2。

表2-2　胸外心脏按压法技术要领

适用情况	图　示	方法说明
触电者有呼吸而心脏停跳	跨跪腰间	使触电者仰卧，颈部枕垫软物，头部稍向后仰。救护人跪在触电者一侧或跨在其腰部两侧

（续）

适用情况	图　示	方法说明
触电者有呼吸而心脏停跳	中指抵颈凹膛	两手相叠（对儿童可只用一只手），肘关节伸直，手掌根部放在两乳连线的中点（胸骨的下 1/3 部位）
	向下按压5~6cm	救护人找到触电者的正确压点后，双臂绷直，自上而下垂直均衡地用力向下按压，压出心脏里面的血液，按压深度 5~6cm
		按压后，掌根迅速放松（但手掌不要离开胸部），使触电者胸部自动复原，心脏扩张，使血液又回到心脏。反复地进行，每分钟 100~120 次

胸外心脏按压法口诀：病人仰卧硬地上，松开领扣解衣裳；当胸放掌不鲁莽，中指应该对凹膛；压力轻重要适当，慢慢压下突然放。

3. 心肺复苏法

心肺复苏法技术要领见表 2-3。

表 2-3　心肺复苏法技术要领

适用情况	图　示	方法说明
触电者呼吸和心跳都已停止	单人抢救	胸外按压—清理气道—人工呼吸 按压 30 次后，进行 2 次人工呼吸，如此循环

（续）

适 用 情 况	图 示	方 法 说 明
触电者呼吸和心跳都已停止	 双人抢救	一人进行胸外按压 30 次后，另一人进行 2 次人工呼吸，即 30∶2，5 个循环后检查生命体征

利用心肺复苏法进行救治时的注意事项：

1）对幼小儿童，鼻子不捏紧，可任其自由漏气，而且吹气不能过猛。

2）在施行心肺复苏法时，救护人应密切观察触电者的反应。只要发现触电者有苏醒迹象。例如，眼皮闪动或嘴唇微动，就应中止操作几秒钟，以让触电者自行呼吸和心跳。

任务四 电气火灾的防范与扑救

进行焊接施工或电工作业都要遵守消防安全操作规程，掌握必要的电气消防知识，以便在发生电气火灾时，能运用正确的灭火知识，指导和组织人员迅速灭火。

1. 电气火灾的防范

电气火灾的起因主要是在电的生产、传输、变换及使用过程中，由于线路短路、触点发热、电动机长时间过载运行、电热设备使用不当等导致的高温、电火花或电弧等。电气火灾的危害性很大，一旦发生，损失惨重。因此，对电气火灾一定要贯彻"预防为主、消防结合"的原则，积极做好"防着火点、防可燃物、防助燃物"的"三防"工作。

职业标准链接

电焊、气焊施工现场防火规范

❖ 进行电焊、气焊，必须持证上岗，遵守消防安全操作规程。

❖ 动火作业前必须办理动火证，注明动火地点、时间、动火人、监护人、

批准人和防火措施。

❖ 焊接、切割、烘烤等动火作业现场应配备灭火器材。

❖ 焊接、切割、烘烤或加热等动火作业前，应对作业现场的可燃物进行清理；作业现场及其附近无法移走的可燃物应采用不燃材料对其覆盖或隔离。

2. 灭火器的选择

常见的灭火器主要有泡沫灭火器、二氧化碳灭火器、干粉灭火器、1211灭火器和水基灭火器等，外形如图2-4所示。

a) 泡沫灭火器　　b) 二氧化碳灭火器　　c) 干粉灭火器　　d) 1211灭火器

图2-4　常见的灭火器外形

灭火器的种类及适用范围如下：

干粉灭火器主要适用于扑救石油及其产品、可燃气体和电气设备的初起火灾。

泡沫灭火器主要适用于扑救A类火灾如木材地，棉麻，纸张等火灾地。

二氧化碳灭火器适用于扑救600V以下的电气设备、精密仪器、图书档案的火灾，以及范围不大的油类、气体和一些不能用水扑灭的物质火灾。

1211灭火器主要抑制燃烧的连锁反应，中止燃烧，适用扑灭一些初起火灾。

3. 电气火灾的扑救

1）发生火灾时，应保持清醒的头脑，不要惊慌，要冷静地根据现场情况采取适当的处理措施，尽快切断电源，防止火势蔓延，同时应及时拨打119火警报警电话，向消防部门报警。

2）根据火源不同，选择合适的灭火器。

3）手提式干粉灭火器的使用口诀是："一摇、二对、三拔、四压"，即摇晃瓶身、喷嘴对准火源根部、拔掉保险销、压下压把喷出干粉，如图2-5所示。

上下晃动灭火器　　握紧喷嘴对准火源根部　　拔掉保险销　　压下压把喷出干粉

图 2-5　干粉灭火器的使用

 特别提示

❖ 电气设备起火，应先断电后灭火。

❖ 人应该站在上风侧。

❖ 合格的灭火器压力指针应在绿色区域。

❖ 使用二氧化碳灭火器时，注意手不要碰喷管，以免冻伤。

阅读材料

焊接设备安全标签

危险　　 注意	●请仔细阅读本标签及《使用说明书》，再使用焊机。
请勿剥去或遮盖此标签	●请有资格者或了解焊机的人员进行本机的安装、操作保养和检修。
	●无关人员请勿进入焊接作业场所内。

危险	一旦接触带电部位，会引起致命的电击或灼伤。	注意	焊接时产生的烟尘和气体有害健康。
	●请勿接触带电部位。		●请使用局部排气设备及呼吸保护用具。
	●由电气人员按规定将焊机与母材接地。		●在狭窄场所作业时，请接受监视人员的检查并应充分换气，配用呼吸保护用具。
	●安装、检修时，须关闭配电箱电源。		●请勿在脱脂、清洗、喷雾作业区内焊接。
	●请勿在卸下机壳的情况下使用焊机。		●焊接具有镀层或涂层的钢板时，请使用呼吸保护用具。
	●请使用干爆的绝缘手套。		
注意	弧光、飞溅、焊渣、噪声会灼伤眼睛、皮肤，引起听觉异常。	注意	焊接有可能引起火灾、爆炸等意外事故。
	●请使用具有足够遮光度的保护用具。		●请勿在焊接场所放置可燃物与可燃性气体。
	●请使用皮手套、长袖工作服、护靴、皮围裙等保护用具。		●请勿焊接密闭容器，如槽（箱）、管等装置。
	●噪声大时，请使用隔音用具。		●请在焊接场所设置消防器具，以防万一。
			●请勿在有打磨处理和金属粉尘多的场台安装电焊机。

危险	在狭窄场所或高处使用交流弧焊机时，有可能引起电击、灼伤等事故。
	●请按照劳动安全卫生规则，在下述场所设置防触电装置或使用内置防触电装置的交流弧焊机。
	▲船舶双层底部、尖舱内部、锅炉筒体、圆顶内部等被导电体包围的狭窄场所。
	▲有坠落危险的2m以上的高处，作业者有可能接触到钢筋等高导电性接地物的场所。
	●请按有关规则对防触电装置进行作业前检查。

知识问答

问题：发现火情后，如何报警？

答：发现火情应及时拨打 119 火警报警电话，在电话中应准确报出失火地点。如果不知道失火地点名称，应尽可能说清楚周围明显的标志，如建筑物等。尽量讲清楚起火部位、着火物资、火势大小、是否有人被困等情况，同时应派人在主要路口等待消防车。在消防车到达现场前应设法扑灭初期火灾，以免火势扩大蔓延。

应知应会要点归纳

1. 三相四线制是三根相线和一根中性线。三相五线制是三根相线、一根中性线和一根保护接地线。

2. 常见低压试电笔的电压测量范围为 60~500V。

3. 试电笔由笔尖金属体、电阻、氖管、笔身、小窗、弹簧和笔尾金属体组成。

4. "6S" 即整理、整顿、清扫、清洁、安全、素养。

5. 安全标志分为颜色标志和图形标志。

6. 我国安全电压额定值的等级为 42V、36V、24V、12V 和 6V，应根据作业场所、操作员条件、使用方式、供电方式、线路状况等因素选用。

7. 按照人体受伤程度不同，触电可分为电击和电伤两种类型。

8. 现场触电急救的原则可总结为八个字：迅速、就地、准确、坚持。

9. 对低压触电，可采用拉、切、挑、拽、垫的方法，完成切断电源或使触电者与电源隔离。

10. 触电者呼吸停止，但心跳尚存，应施行人工呼吸；如心跳停止，呼吸尚存，应采取胸外心脏按压法；如呼吸、心跳均停止，则须采用心肺复苏法，即同时采用人工呼吸法和胸外心脏按压法进行抢救。

应知应会自测题

一、填空题

1. 一般来说，通过人体的电流越_____，时间越_____，危险_____。

2. 电流通过人体_____和_____最为危险。

3. 电流分为三级：感知电流、_____电流、_____电流。

4. 触电有两种类型，即_____和_____。

5. 现场触电急救的原则可总结为八个字：_____、_____、_____
和_____。

6. 常见低压试电笔的电压测量范围为_____。

7. 6S 是指整理、_____、_____、_____、_____和_____。

8. 触电者呼吸停止，但心跳尚存，应施行_____。

9. 触电者有呼吸无心跳，应施行_____。

二、判断题（正确的打"√"，错误的打"×"）

1. 整理就是留下必要的，其他都清除掉。（　　　）

2. 清洁就是打扫卫生。（　　　）

3. 用低压试电笔只能测试不超过 500V 的电压。（　　　）

4. 触电伤害方式分为电灼伤和电烙印两大类。（　　　）

5. 人体误触带电体称为间接触电。（　　　）

6. 工频电流的危害要大于直流电流。（　　　）

7. 触电类型分为单相触电、两相触电和接触电压触电三类。（　　　）

8. 一般情况下，两相触电比单相触电后果轻一些。（　　　）

9. 人们日常使用的 220V、50Hz 的交流电对人体来说是没有危险的。（　　　）

10. 触电者心跳停止、呼吸存在时应采用胸外按压法进行急救。（　　　）

11. 触电者无呼吸有心跳时应采用人工呼吸法进行急救。（　　　）

12. 多台焊机可以共用一个电源开关。（　　　）

13. 一般情况下，30mA 为安全电流。（　　　）

14. 发现电气设备着火，应立即通知 110。（　　　）

15. 在有高度危险的场所，安全电流应取 10mA。（　　　）

三、单项选择题

1. 低压试电笔只能检测不超过（　　　）的电压。

A. 500V　　　　　　　　B. 800V　　　　　　　　C. 1000V

2. 在电流大小相同时，对人体伤害程度最为严重的电流频率是（   ）。

A. 20kHz 以上　　　　　B. 100~200Hz　　　　　C. 50~60Hz

3. 在金属容器内、隧道内施工时，应采用（   ）安全电压。

A. 36V　　　　　　　　　B. 24V 或 12V　　　　　C. 6V

4. 触电事故中，内部组织受到较为严重的损伤，这属于（   ）。

A. 电击　　　　　　　　　B. 电伤　　　　　　　　C. 电灼伤

5. 触电者呼吸停止，但心跳尚存，应施行（   ）。

A. 人工呼吸　　　　　　　B. 胸外心脏按压　　　　C. 心肺复苏

6. 触电者呼吸和心跳都停止，应施行（   ）。

A. 人工呼吸　　　　　　　B. 胸外心脏按压　　　　C. 心肺复苏

7. 对触电者进行口对口人工呼吸操作时，需掌握在每分钟（   ）。

A. 8~10 次　　　　　　　B. 12~16 次　　　　　　C. 17~20 次

8. 在工程中，U、V、W 三根相线通常分别用（   ）颜色来区分。

A. 黄、绿、红　　　　　　B. 黄、红、绿　　　　　C. 红、黄、绿

四、资料搜索

1. 查阅资料，了解什么是三相四线制？什么是三相五线制？

2. 上网搜索近几年发生的触电案例，并分析触电原因。

 看图学知识

观察上图电焊作业中有哪些错误？

> **画面提示**
>
> 禁止在具有易燃易爆品的场所使用明火，可燃、易燃物料与焊接作业点火源距离不应小于 10m。
>
> 电焊施工人员操作时，必须穿戴好各种劳保用品，如工作服、工作帽、焊接手套等。
>
> 在焊接和切割工作场所，必须有防火设备。

工匠成长案例1

杨永磊——从焊工学徒到高原"焊匠"

杨永磊（图2-6），1975年5月出生，中国石油青海油田格尔木炼油厂电焊工。在青藏高原生产一线"挥舞焊枪"30载，获得青海省高原工匠、省部级优秀党员、技能专家、省级技能大师工作室领衔人、中国石油集团公司特等劳动模范、全国"五一"劳动奖章、全国劳动模范等称号，享受国务院政府特殊津贴。

图2-6　杨永磊

淬火，艺痴者技必良

杨永磊说："我就是戈壁里的一丛红柳，平凡而渺小。"学徒期间，杨永磊为了提高业务技能，焊凳子、焊桌子都把每一道焊口当成压力管道去操作。为了学习特种材质焊接技术，他利用业余时间跟随外单位焊工学习铬钼钢的焊接操作，并不断总结经验便于以后实践应用。

2018年9月，杨永磊临"危"受命，要对一开裂管道进行焊接修复。一次、两次、三次……杨永磊反复地尝试，缝隙太小无法保持稳定的焊接姿势，连站立在里面都难以左右晃动，蹲、坐更是无法办到。"不能放弃，必须要解决这个难题！"杨永磊不停地思索、琢磨，最终决定寻找空间较大的缝隙进行再次尝试，对他而言又是一次"冒险"之旅。杨永磊穿戴好安全防护用品，上身紧贴中心管和背后两管，双腿盘与中心管，放在中心管与邻管之间的缝隙，然后抱着中心管向下滑，最终坐到视线好、焊接角度合适的位置。这里，焊接飞溅的火花会掉落腿部；这里，冰凉的管道与肢体亲密接触；这里，管束间的缝隙让呼吸也变得艰难起来……尽管如此，40min后，第一道裂缝修复顺利完成。紧接

着，开始挑战第二道裂缝，这个位置更狭窄、视线更差，经过再次研究与尝试，最终功夫不负有心人，成功完成了焊接。

钻研，激发创新思维

杨永磊热爱焊接，喜欢创新，遇到难题能根据情况选择合理的技术工艺攻克各种难题。他说："成果都来源于生产疑难。"1998—2013年，青海油田格尔木炼油厂催裂化装置连续运行期间，催化剂管线反复磨穿严重影响生产，虽然曾采用多种方法进行处理，但是设备还是出现了使用寿命短、需要反复修复等问题。为了解决这一难题，杨永磊设计出"催化剂管线耐磨器"，安装使用之后，彻底解决了问题，每台设备使用寿命可延长6年以上，节约费用10万元左右，这项成果还获得了国家专利。

杨永磊时刻不忘创新，爱琢磨的小心思始终跟随着他。塔盘钢板的校正，从最原始粗放的大锤校正，到现如今取得专利的校正钢板，介质泄漏紧急停工处理技术、催化剂管线上的耐磨器，为提高空冷器的换热效率而发明的电磁空冷器清洗机，为解决高压、异型管堵漏而设计的双层带压密封引流器，充电式等离子和氧乙炔两用切割机，龙门式起重机新型节能控制装置，可净化气体的电焊机，纯铜与不锈钢异种材质的焊接工艺，防雾和防霜焊接镜片……这些打破常规、不断进取创新的小发明遍布在格尔木炼油厂的每个角落。

专业，催生技术宝库

杨永磊说，一人强不算强，众人强才是强。2012年4月"杨永磊职工技术创新工作室"成立，这为杨永磊更好地开展技术创新搭建了广阔平台。"你来看看，这个特种材的焊接工艺是不是完美？""这个沉降器属于特殊部位，质量管控要严上加严……"杨永磊和团队成员总是在为检修的工艺技改、质量监督、焊接程序奔波和思考。他们与车间员工打成一片，聊创新，听建议，以便解决更多的生产难题。

杨永磊凭借一颗为炼化生产服务的火热初心，研究开发课题110余项，其中35项技术取得国家专利，15项推广应用，获得经济效益360万元以上，6项技术获得省部级科技创新成果奖，31篇技术论文发表于专业期刊。4项技术被命名为厅局级"十大绝技绝活"，出版著作一部。先后参加青藏高原"航空煤油生产装置"等40余项大小工程项目施工及焊接管理，其中80万t/年加氢改质装置被评国家优质工程银质奖。参与装置检维修550余次，且多次消除安全隐患，18 次避免装置的非计划停车。参与解决独山子石化等多家企业焊接难题 11 项。所带工作室研发技术成果投用获得经济效益 2200 万元以上。

从一名普通焊工，到获得全国五一劳动奖章，再到全国劳动模范，杨永磊用焊花诠释着新时代的工匠精神，在平凡的岗位上，用坚守、执着和奉献诠释了职业价值和人生追求。

见贤思齐	阅读案例后，用几个词语写下你的收获与感悟。

模块二

电路基础

项目三　电工技能入门

任务一　认识常见焊接设备

任务二　认识焊接设备上的电器元件

任务三　焊接设备上的导线连接训练

职业岗位应知应会目标···

知识目标：

➤ 认识常用的焊接设备

➤ 认识焊接设备上的电器元件外形

技能目标：

➤ 会用液压钳制作焊接地线

➤ 会用剥线钳和偏口钳剥削导线

➤ 会用压线钳压接冷压端子

素养目标：

➤ 严谨认真、规范操作

➤ 合作学习、团结协作

➤ 环保意识、创新精神、爱岗敬业

任务一 认识常见焊接设备

通过参观焊接车间，或者观看视频，了解常见的焊接设备。

焊条电弧焊机、熔化极气体保护焊机、埋弧焊机、钨极氩弧焊机、电子束焊机及机器人焊接系统等如图3-1所示。

a) 焊条电弧焊机

b) 熔化极气体保护焊机

c) 埋弧焊机

d) 钨极氩弧焊机

e) 电子束焊机

f) 机器人焊接系统

图3-1 常见焊接设备

任务二 认识焊接设备上的电器元件

通过观察焊接车间和电焊机，了解常用的电器元件。

1. 剩余电流断路器（图3-2）
2. 防触电装置、地线夹（图3-3）
3. 电源开关、熔断器（图3-4）
4. 电位器、指示灯、船型开关、板式电压表、电缆（图3-5）

图 3-2 剩余电流断路器

 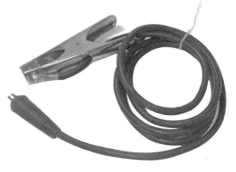

图 3-3 防触电装置、地线夹

图 3-4 电源开关、熔断器

图 3-5　电位器、指示灯、船型开关、板式电压表、电缆

5. 万能转换开关（图 3-6）

图 3-6　万能转换开关

6. 焊接变压器、电抗器（图 3-7）

图 3-7　焊接变压器、电抗器

7. 轴流风机（图 3-8）

图 3-8 轴流风机

8. 控制变压器（图 3-9）

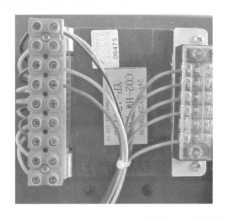

图 3-9 控制变压器

9. 交流接触器（图 3-10）

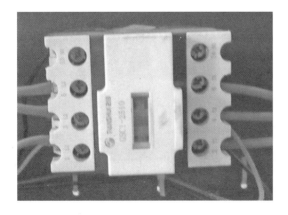

图 3-10 交流接触器

10. 电阻器、电容器（图 3-11）

图 3-11　电阻器、电容器

11. 焊接电缆（图 3-12）

图 3-12　焊接电缆

任务三　焊接设备上的导线连接训练

一、地线与地线夹的连接

【任务描述】

电焊机所用的地线一般采用护套电焊机电缆，在工作现场，有时地线直接压在焊台下，存在很大的安全隐患，安全的做法是将地线装在地线夹上，焊接操作时将地线夹夹在焊台上，如图 3-13 所示。

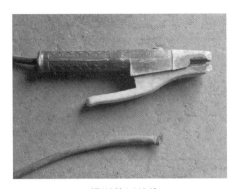

a) 错误使用地线　　　　　　　　　b) 正确使用地线

图 3-13　焊接电缆的地线使用方法

【工具材料准备】

地线与地线夹的连接，需要用到的工具有液压钳、电工刀、电缆剪和锉刀等。所用的工具见表 3-1。

表 3-1　工具清单

序　号	名　称	型号规格	单　价	数　量	金　额	备　注
1	液压钳			1 只		
2	电工刀			1 只		
3	电缆剪			1 只		
4	锉刀			1 只		
5	活扳手			1 把		
合计					元	

液压钳、电缆剪外形如图 3-14 所示。

图 3-14　液压钳、电缆剪外形

所用的材料见表 3-2。

表 3-2　材料清单

序　号	名　称	型号规格	单　价	数　量	金　额	备　注
1	地线夹	500A		1 只		所选线鼻子规格要与电缆线的粗细一致
2	线鼻子	DT-50，可自定		1 只		
3	电缆线	50mm², 可自定		若干		
合计					元	

💰 请同学们到市场询价，或者上网查询价格，填好表 3-2 中的单价及金额，核算出地线与电线夹连接训练的成本。

线鼻子、地线夹如图 3-15 所示。

图 3-15　线鼻子、地线夹

【任务实施】

1. 操作步骤

（1）用电工刀剖削电缆　剖削电缆线可采用电工刀和电缆剪，如图 3-16 所示。

a) 环切橡胶绝缘皮　　　　b) 剖开绝缘皮　　　　c) 用电缆剪剪去多余的线头

图 3-16　剖削电缆

1）用电工刀环切橡胶绝缘皮。

2）用电工刀剖开绝缘皮。

3）用电缆剪剪去多余的线头。线头长度以导线能插到线鼻子顶端为宜。

（2）选择液压钳合适的压模　液压钳是一种用冷挤压方式进行多股铝、铜芯导线接头连接的工具。使用时，按所连接导线的型号选配相应规格的压模，如图 3-17 所示。

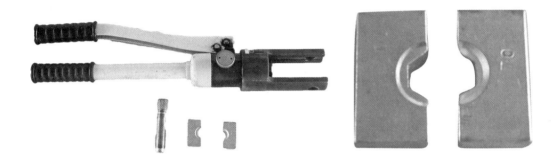

图 3-17　压模

（3）压接过程　将导线插入线鼻子并将其放入液压钳的压模中，按标记方向（一般在右侧前方）旋紧卸压阀，反复压动压杆，感觉压动吃力时停止，如图 3-18 所示。

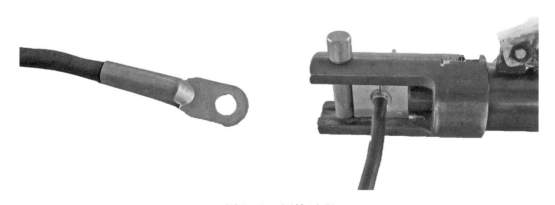

图 3-18　压接过程

（4）压接成形　由于连接地线的线鼻子较长，压完一道后，松开液压钳，将线鼻子外移后再压一道。使其连接更加可靠，如图 3-19 所示。

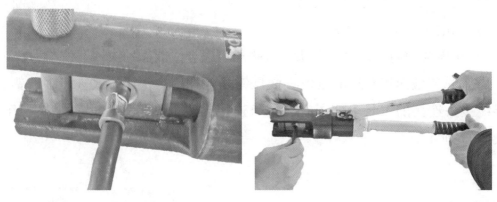

图 3-19　压接成形

（5）拧松旋钮，取出工件　压接成形后，松开卸压阀，取出工件，如图 3-20 所示。

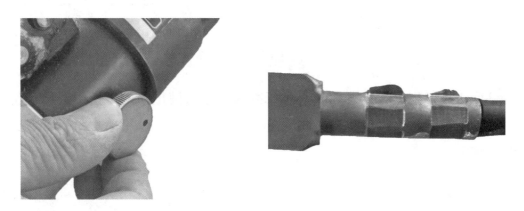

图 3-20　取出工件

（6）用锉刀锉去毛边　压接完成后，用锉刀锉去工件上的毛边，如图 3-21 所示。

图 3-21　锉去毛边

（7）与接地夹连接　最后用扳手将压接好的地线上到地线夹上，如图 3-22 所示。

图 3-22　与接地夹连接

2. 现场整理

制作完毕，将工具放回原位摆放整齐，清理、整顿工作现场。

二、导线与冷压端子的连接

【任务描述】

需要导线与螺钉连接的场合，为了增大接触面，使连接可靠，一般需要将导线与冷压端子连接，如图 3-23 所示。

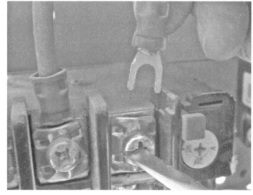

图 3-23　导线与螺钉连接

【工具材料准备】

导线与冷压端子的连接，所用工具有偏口钳、剥线钳、压线钳等，所用材料见表 3-3。

表 3-3 导线与冷压端子连接材料清单

序 号	名 称	型号规格	单 价	数 量	金 额	备 注
1	U 形端子			1 只		所选线端子规格要与导线粗细一致
2	O 形端子			1 只		
3	针形端子			1 只		
4	导线	1.0mm^2		若干		
合计					元	

请同学们到市场询价，或者上网查询价格，填好表 3-3 中的单价及金额，核算出导线与冷压端子连接训练的成本。

导线与冷压端子的连接，所用工具和材料如图 3-24 所示。

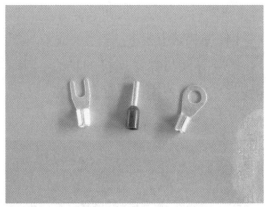

图 3-24 偏口钳、剥线钳、压线钳、冷压端子

【任务实施】

1. 操作步骤

（1）剥削导线 一般直径 0.5~2.5mm 的导线可用剥线钳剥削。使用如图 3-25a 所示的剥线钳时，选择与导线粗细合适的钳口，压紧钳柄去掉绝缘皮。另外，导线也可用偏口钳进行剥削，如图 3-25b 所示。

（2）用压接钳压接 U 形端子

1）U 形端子压接成形。导线放入 U 形端子，要求两边都留有 1~2mm 左右的铜线，用压线钳压紧，如图 3-26 所示。

a) 用剥线钳剥削导线

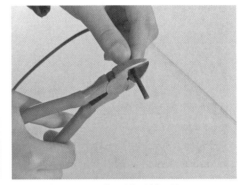

b) 用偏口钳剥削导线

图 3-25　剥削导线

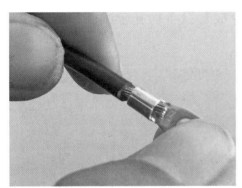

图 3-26　U 形端子压接过程

2）U 形端子及应用场合。U 形端子常用于图 3-27 所示的瓦形接线桩。

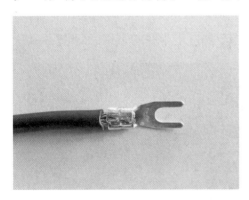

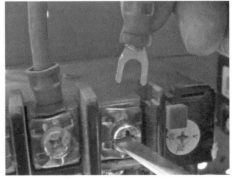

图 3-27　U 形端子及应用场合

（3）用压接钳压接针形端子

1）针形端子压接过程。针形端子压接时导线要超出端子一段，如图 3-28 所示，压接后再剪去多余的线头。

图 3-28　针形端子压接过程

2）针形端子及应用场合。针形端子适用于玻璃电表箱、LED 灯具配件、继电保护、电力电子、配电柜和机床电器等成套设备插孔较细的接线端子处，如图 3-29 所示。

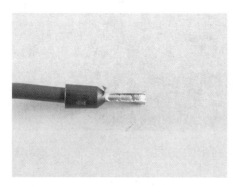

图 3-29　针形端子及应用场合

（4）O 形端子　O 形端子多用于振动比较强的元器件的下口，如图 3-30 所示。

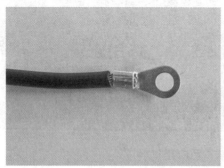

图 3-30　O 形端子及应用场合

2. 现场整理

工作任务完成后，将工具放回原位摆放整齐，清理、整顿工作现场。

项目四 直流电路的安装与测量

职业岗位应知应会目标…

知识目标：

➤ 了解电路的组成和电路的三种状态

➤ 掌握欧姆定律

➤ 掌握串、并联电路的特点

技能目标：

➤ 能识别常用电阻器

➤ 会用万用表测量电阻值

➤ 会用万用表测量直流电压

➤ 会用万用表测量直流电流

素养目标：

➤ 严谨认真、规范操作

➤ 信息素养、团结协作

➤ 协作意识、勤学苦练、工匠精神

任 务 一 绘制简单直流电路图

根据实物电路绘制电路图，了解电气符号标准。

【任务描述】

如图 4-1 所示，通过手电筒电路了解电路的组成和电路的三种状态。查阅资料，学习元器件的标准符号，画出电路图。

图 4-1 手电筒电路

【任务分析】

采取小组合作形式，搜集信息，查阅资料，找出常用元器件的标准符号，画出电路图。

【知识技能准备】

一、直流电路概念

电流所通过的路径即电路。一个简单的电路由电源、负载、开关及导线等组成。各部分作用如下。

（1）电源 把其他形式的能转换成电能，如干电池、蓄电池、太阳电池、发电机等。

（2）负载 使用电能做功的装置，把电能转换成其他形式的能，如小电珠、电炉、电动机等。

（3）开关 开关起到把电源和负载接通和断开的作用。

（4）导线 把电源与负载及开关相连接的金属线称为导线，它把电源产生的电能输送到负载，常用铜、铝等材料制成。

二、电路的状态

电路通常有以下三种状态：通路状态、断路状态、短路状态。

（1）通路状态　开关接通，电路构成闭合回路，有电流通过。

（2）断路状态　开关断开或电路中某处断开，电路中无电流。

（3）短路状态　电路（或电路中的一部分）被短接。短路时往往会形成很大的电流，损坏供电电源、线路或负载（即用电设备）。电源短路（电源两端直接由导线接通的状态）时，将会有非常大的电流流过，可能会把电源、导线、设备等烧毁，甚至引起火灾、爆炸等，应绝对避免。电路的三种状态如图 4-2 所示。

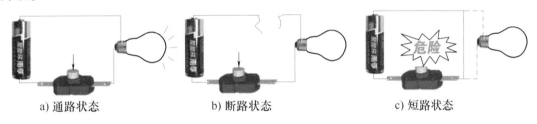

a) 通路状态　　　　b) 断路状态　　　　c) 短路状态

图 4-2　电路的三种状态

三、电气符号与电路图

用统一规定的图形符号和文字符号表示电路连接情况的图，称为电路图。其图形符号要遵守国家标准，图 4-3 所示为国家标准样本。

GB/T 4728 为电气简图用图形符号标准，该标准目前共包括 13 个部分，标准号分别为 GB/T 4728.1~13，各部分现行标准的批准年号为 2008—2018。随着社会的发展、技术的进步，现有的标准会不断修订完善，新标准也会不断产生。常用查询标准的途径主要有以下几种：

（1）网络查询　利用搜索引擎，从网络上查询，可得到标准的详细文本信息。下面推荐几个常用标准查询网站的网址：

国家标准全文公开系统 http：//openstd. samr. gov. cn/bzgk/gb/index

学兔兔 http：//www. bzfxw. com

工标网 http：//www. csres. com

百度文库 http：//wenku. baidu. com

	含义
ICS 29.020 K 04	
中华人民共和国国家标准	GB/T 4728.7—2008（推荐性国家标准编号）
GB/T 4728.7—2008/IEC 606 17database 代替GB/T 4728.7—2000	
	GB/T（读作"推荐性国家标准"）
电气简图用图形符号 第7部分：开关、控制和保护器件	G（"国"字汉语拼音的第一个字母）
Graphlcal symbols for diagrams— Part 7:Switchgear,controlgear and protective devices	B（"标"字汉语拼音的第一个字母）
(IEC 60617database,IDT)	T（"推"字汉语拼音的第一个字母）
	4728（标准的顺序号）
	2008（标准批准年号）
2008-05-28 发布　　　　2009-01-01 实施	
中华人民共和国国家质量监督检验检疫总局 中国国家标准化管理委员会 发布	

图 4-3　国家标准样本

（2）图书馆查询　可到学校图书馆或所在地市图书馆进行相关标准的查询。

（3）书店购买　可到当地书店购买。

【任务实施】

1. 通过网站或图书了解现行标准。

2. 查阅常用电器元件符号。

3. 绘制电路图。

根据表 4-1 所给电气符号，画出图 4-1 所示电路所对应的电路图，如图 4-4 所示。

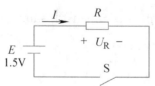

图 4-4　手电筒电路图

表4-1 部分常用理想元件电气符号

名　　称	电气符号	名　　称	电气符号	名　　称	电气符号
电池	E	电阻	R	电压表	(V)
白炽灯	EL	电容	C	电流表	(A)
开关	S或Q	电感	L	熔断器	FU

【知识链接】

常见的供电电源

生活中的电气产品种类繁多，它们都需要有相应的供电电源才能正常工作。电源按其提供的电能形式，分为交流电源（提供交流电能）和直流电源（提供直流电能）。

1. 交流电源

交流电源是生产、生活中应用最多的电源。家用电器大多采用单相交流电源供电，工业生产则多采用三相交流电源供电，实验室中还有小信号电源——信号发生器。传统的电力来源主要有风力发电、水力发电、火力发电和核电。新型绿色能源发电包括：风能发电、太阳能发电（包括太阳光伏发电和太阳热能发电）、地热能发电、小水电、潮汐能发电等。

2. 直流电源

最常用的直流电源是各种电池，其中干电池应用最为广泛，各种电动玩具、便携式仪表、电器遥控器中都需要电池供电，如图4-5所示。

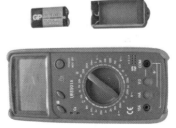

a) 钟表的锌锰电池　　　　b) 数字万用表的层叠电池　　　　c) 儿童玩具的钮扣电池

图4-5 常用的干电池

除此之外，为了能获得多种等级的直流电源，还可以利用特定的电路，将交流电转变成直流电，如开关电源、线性电源、适配器、蓄电池、直流发电机等，如图4-6所示。

a) 开关电源   b) 适配器   c) 直流发电机

图4-6 常用直流电源

任 务 二 　直流发光电路的安装

通过直流发光电路的安装，学会识别与检测电阻器、发光二极管等元器件，会使用万用表测量电阻值，了解欧姆定律。

【任务描述】

用面包板搭接图4-7所示电路。要求电路接通，发光二极管亮；电路断开，发光二极管灭。

【任务分析】

小组合作进行工作任务分析，制订工作计划，收集所需的信息。学习完成该工作任务所需的知识和技能如下：

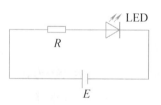

图4-7 直流发光电路

1）识读原理图。

2）能识别电阻器、发光二极管。

3）能熟练掌握元器件成形工艺。

4）能正确安装与调试电路。

5）养成规范化管理、标准化生产的职业意识。

【工具材料准备】

安装直流发光电路，所用工具：常用电工工具一套、万用表一块。所用材料见表4-2。

表 4-2 直流发光电路的材料清单

序　号	名　　称	型号规格	单　价	数　量	金　额	备　注
1	面包板			1 块		
2	电池	5 号 1.5V		2 节		
3	电池座	配 2 节 5 号干电池		1 只		可反复使用
4	电阻器	100Ω、390Ω、510Ω		各 1 只		
5	发光二极管	高亮发光二极管		1 只		
6	电位器	4.7kΩ		1 只		
合计					元	

请同学们到市场询价，或者上网查询价格，填好表 4-2 中的单价及金额，核算出安装直流发光电路的成本。

安装直流发光电路所用元器件如图 4-8 所示。

a) 面包板　　　　　b) 电池及电池座　　　　c) 电阻器　　　　d) 发光二极管

图 4-8　直流发光电路所用元器件

【知识技能准备】

一、电阻器和发光二极管的识别与检测

1. 电阻器

导体对电流的阻碍作用称为电阻。电阻用字母 R 或 r 表示。电阻器是由电阻率不同的材料组成，是组成电路的基本元件之一，广泛应用于各种电子产品和电力设备中。电阻器在电路中主要起限流、降压、分流、隔离和分压等作用。

（1）电阻　一个导体当其两端所加的电压为 1V 时，若通过它的电流为 1A，则此导体的电阻就是 1Ω。在国际单位制中，电阻的单位为欧［姆］（Ω）。工程上还常用千欧（kΩ）、兆欧（MΩ）作为电阻单位。它们的换算关系为

$$1k\Omega = 10^3\Omega；1M\Omega = 10^3k\Omega = 10^6\Omega$$

（2）电阻定律　经实验证明，当温度一定时，导体电阻只与材料及导体的

几何尺寸有关。一定材料制成的导体，电阻和它的长度成正比，和它的截面积成反比，这个结论称为电阻定律。用公式表示为

$$R = \rho \frac{L}{S} \tag{4-1}$$

式中　ρ——导体的电阻率，单位为欧·米，符号为 $\Omega \cdot m$；

　　　L——导体的长度，单位为米，符号为 m；

　　　S——导体的横截面积，单位为平方米，符号为 m^2；

　　　R——导体的电阻，单位为欧姆，符号为 Ω。

常用电阻器
外形

（3）电阻器分类、外形　电阻器按结构不同分为固定电阻器和可调电阻器（包括电位器）两类。按材料不同可分为碳膜电阻器、金属膜电阻器、玻璃釉膜电阻器、合成膜电阻器和线绕电阻器等。常用固定电阻器外形如图 4-9 所示，常用可调电阻器外形如图 4-10 所示。电阻器在电路中用字母"R"表示。

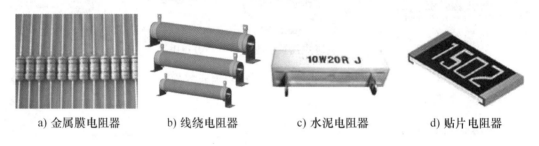

a) 金属膜电阻器　　b) 线绕电阻器　　c) 水泥电阻器　　d) 贴片电阻器

图 4-9　常用固定电阻器外形

图 4-10　常用可调电阻器外形

（4）电阻器的主要参数　电阻器的主要参数有标称阻值、阻值偏差和额定功率。下面以色环电阻器为例介绍其识别方法。

色环电阻器是电子电路中常用的电子元件，它采用不同颜色的色环来表示电阻器的阻值和偏差，因此，无论按什么方向安装，使用者都能方便地读出其阻值，便于检测和更换。在常见的色环电阻器中，根据色环的环数多少，又分为四环电阻器和五环电阻器。其标示方法如图 4-11 所示。

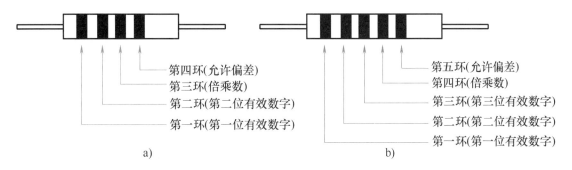

图 4-11　电阻的色环标法

电阻器上不同颜色的色环代表的意义不同，相同颜色的色环排列在不同位置上的意义也不同，色环的具体含义见表 4-3。

[例 4-1]　某电阻器色环颜色依次为棕、红、黑、金，则此电阻器标称阻值是多少？

表 4-3　色环的具体含义

颜　　色	有效数字	倍　　率	允许偏差	颜　　色	有效数字	倍　　率	允许偏差
棕	1	10^1	±1%	灰	8	10^8	
红	2	10^2	±2%	白	9	10^9	
橙	3	10^3		黑	0	10^0	
黄	4	10^4		金	–	10^{-1}	±5%
绿	5	10^5	±0.5%	银	–	10^{-2}	±10%
蓝	6	10^6	±0.25%	无色	–		±20%
紫	7	10^7	±0.1%				

解：前两条色环为棕、红，则有效数字为 12；倒数第二条为黑，对应倍率为 10^0，该电阻器的标称阻值为 $12×10^0\Omega = 12\Omega$，允许偏差为 ±5%。

2. 发光二极管

发光二极管简称为 LED，可以把电信号转化成光信号，具有单向导电性，当发光二极管正向导通时，会发出红色、绿色、黄色、橘黄色和蓝色光线，常用做指示灯和报警灯。发光二极管的外形及符号如图 4-12 所示。

发光二极管的工作电压在 1.5～3V 之间，使用时和电阻串联，电阻起限流作用，如图 4-13 所示。如果直接连接到电池两端，会大大降低发光二极管的使用寿命，甚至使其烧毁。

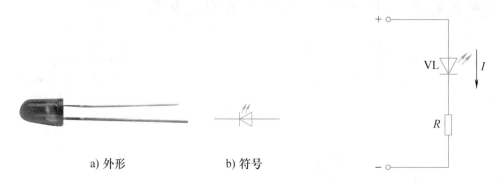

a) 外形   b) 符号

图 4-12　发光二极管外形及符号   图 4-13　发光二极管与电阻串联

【极性判别】　一般发光二极管的两根引脚中较长的一根为正极（或阳极），较短的一根为负极（或阴极），即"长脚正、短脚负"。有的发光二极管的两根引脚一样长，但管壳上有一凸起的小舌，靠近小舌的引脚是正极。将发光二极管拿起在明亮处，从侧面观察两条引出线在管体内的形状，较小的是正极，较大的是负极。

【用万用表测定正负极】测量方法：

1）将万用表拨在欧姆档，选择 R×1k 量程。

2）红、黑表笔分别碰触发光二极管两个引脚，测量其阻值，调换引脚再测一次。在两次测量中，电阻小的那次，黑表笔接触的是发光二极管的正极（阳极），红表笔接触的是发光二极管的负极（阴极）。

💡 **特别提示**

❖ 若采用 MF368 型万用表，用 R×1 档，若黑表笔接正极、红表笔接负极，则发光二极管能够发光。

❖ 若采用 MF47 型指针式万用表，可以将两块表串联起来用。将两块表的转换开关均打在 R×1 档，将甲表的红表笔插入乙表的黑表笔插孔中，用甲表的黑表笔和乙表的红表笔来测量发光二极管，在发光二极管正向导通时，可使发光二极管发出亮光。

 职业安全提示

万用表表笔极性

❖ 指针式万用表的红表笔接表内电池的负极，黑表笔接表内电池的正极。

❖ 数字式万用表红表笔就是对应内部电源正极，这点与指针式万用表不同。

二、元器件成形工艺

在没有专用成形工具或加工少量元器件时，可采用手工成形的方法，使用尖嘴钳或镊子等一般工具。

1. 元器件预成形的工艺要求

1）引线成形尺寸要符合安装尺寸要求，以便于元器件的安装插入。

2）元器件引脚预成形外观如图 4-14 所示。

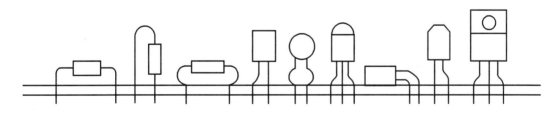

图 4-14 常见元器件引脚预成形外观

（1）引脚成形尺寸要求 为了防止引脚在预成形时从元器件根部折断或把元器件引脚从元器件内拉出，要求从元器件弯折处到元器件引脚连接根部的距离应大于 1.5mm。引脚弯折处不能弯成直角，而要弯成圆弧状。水平安装时，元器件引脚弯曲半径 r 应大于引脚直径；立式安装时，引脚弯曲半径 r 应大于元

器件体的外半径，如图 4-15 所示。

注意，元器件的标志符号、元器件上的标称数值应向上、向外，方便查看。

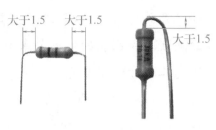

图 4-15　成形尺寸要求

（2）元器件引脚预成形的方法　元器件引脚的预成形方法有两种，一种是手工预成形，另一种是专用模具或专用设备预成形。

手工成形所用工具就是镊子和带圆弧的长嘴钳，用镊子和长嘴钳夹住元器件根部，弯折元器件引脚，形成一个圆弧即成。

对于大批量的元器件成形，一般采用专用模具或专用设备进行元器件成形。在模具上有供元器件插入的模具孔，再用成形插杆插入成形孔，使元器件引脚成形。

2. 元器件的插装

电子元器件的插装有卧式、立式、倒装式、横装式及嵌入式等方法。晶体管、电容器、晶体振荡器和单列直插集成电路多采用立式插装方式，而电阻、二极管、双列直插及扁平封装集成电路多采用卧式插装方式。

　职业标准链接

元器件插装规范

❖ 元器件的插装应遵循先小后大、先轻后重、先低后高、先里后外、先一般元器件后特殊元器件的基本原则。

❖ 电容器、晶体管等立式插装组件，应保留适当长的引线。一般要求距离电路板面 2mm，插装过程中应注意元器件的引脚极性。

❖ 安装水平插装的元器件时，标记号应向上、方向一致，便于观察。功率小于 1W 的元器件可贴近印制电路板平面插装，功率较大的元器件应距离印制电路板 2mm，以利于元器件散热。

❖ 插装的元器件不能有严重歪斜。

【任务实施】

1. 检测电气元件

按表 4-2 备齐电路所需要的元器件并检测。

1）用万用表查找按钮的常开触头。

2）通过测试发光二极管的正、反向电阻，判断其正负极。

3）找出标称阻值为 100Ω 的电阻器，将实测值填入表 4-4 中，然后将电阻器接入电路。

2. 电路安装

在面包板上将电阻器和发光二极管串联，接入直流电源，即可看到发光二极管亮起来。注意电池的正负极和发光二极管的正负极不要接错。直流发光电路安装示意图如图 4-16 所示。

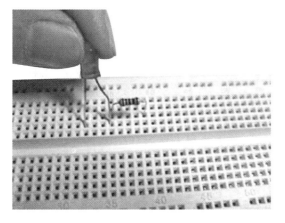 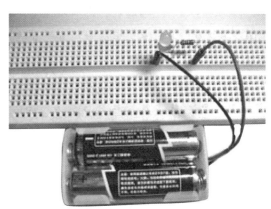

图 4-16　直流发光电路安装示意图

3. 测量电路的电压、电流

1）测量直流电压、电流。按照图 4-17 所示测量电路的电流和电阻两端的电压。万用表测直流电压、直流电流参见本项目的操作指导。

2）用万用表测量电阻 R 两端的电压和电路中的电流，将测量结果填入表 4-4 中。

3）改变电阻值，重新测量电阻 R 值、R 两端电压以及电路中电流，将测量结果填入表 4-4 中。

图 4-17　电压、电流测量电路

表4-4 测量结果

R 标称阻值/Ω	R 实测阻值/Ω	R 两端电压/V	电路电流/A
100			
390			
510			

从表4-4可以看到，R值越大，其两端电压_____，流过电阻的电流_____，发光二极管越_____。

【知识链接】

欧姆定律

欧姆定律的内容是：在电路中，流过电阻的电流与电阻两端的电压成正比，和电阻值成反比。公式为

$$I = \frac{U}{R} \tag{4-2}$$

式中　U——电压，单位为伏特，符号为 V；

　　　R——电路中的负载电阻，单位为欧姆，符号为 Ω；

　　　I——电流，单位为安培，符号为 A。

 特别提示

欧姆定律仅适用于线性电路，它反映了在不含电源的一段电路中，电流与这段电路两端的电压及电阻的关系。

任务三 电阻串联电路的安装与测量

把两个或多个电阻依次连接起来，组成中间无分支的电路，称为电阻串联电路。

【任务描述】

在面包板上安装好电阻串联电路后，测量电压、电流，记录结果。

【工具材料准备】

参考任务二所用工具，材料选取上可以准备多个不同阻值的电阻。

【任务实施】

1）选择元器件。从教师所准备的多种阻值的电阻器中，任选 2 只，用万用表测出电阻值，填入表 4-5。

2）在面包板上按图 4-18a 安装电路，分别测量两个电阻两端的电压值和流过电路的电流值，填入表 4-5 中。

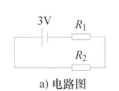

a) 电路图　　　　　　b) 实物图

图 4-18　电阻串联电路

电路图及安装实物图如图 4-18 所示。

3）保持 R_1 不变，改变 R_2 的阻值，重新测量电阻、电压、电流，将结果记录于表 4-5 中。

表 4-5　电阻串联测量结果

测量次数	R_1 阻值/Ω	R_2 阻值/Ω	R_1 两端电压/V	R_2 两端电压/V	电路电流/A
1					
2					
3					

从表 4-5 可以看到，R_1 保持不变，R_2 的阻值越_____，其两端电压_____，流过电路的电流越_____。

【知识链接】

串联电路特点

串联电路的特点如下：

1）串联电路中电流处处相等。

2）串联电路中的总电压等于串联电阻两端的分电压之和。

3）串联电路的等效电阻等于各串联电阻之和。

4）在串联电路中，各电阻上分配的电压与电阻值成正比，各电阻上所消耗的功率与电阻值成正比。

两个电阻串联电路的分压公式：

$$U_1 = \frac{R_1}{R_1+R_2}U, \quad U_2 = \frac{R_2}{R_1+R_2}U \tag{4-3}$$

 特别提示

❖ 串联电路的实质是分压。

❖ 各电阻上分配的电压与电阻值成正比。

❖ 各电阻上所消耗的功率与电阻值成正比。

任务四 电阻并联电路的安装与测量

把两个或两个以上电阻接到电路中的两点之间，电阻两端承受同一个电压的电路称为电阻并联电路。

【任务描述】

在面包板上安装好电阻并联电路后，测量电压、电流，记录结果。与任务三的结果进行分析比较。

【工具材料准备】

所用工具同任务二，材料选取上可以准备多个不同阻值的电阻。

【任务实施】

1）选择元器件。从教师所准备的多种阻值的电阻器中，任选2只，用万用表测出电阻值，填入表4-6。

2）在面包板上按图4-19a安装电路，分别测量电阻两端的电压值和流过每个电阻的电流值，填入表4-6中。

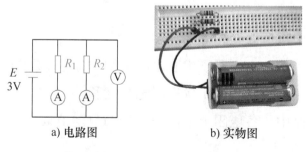

a) 电路图　　　　b) 实物图

图4-19　电阻并联电路

电路图及安装实物图如图 4-19 所示。

3）保持 R_1 不变，改变 R_2 的阻值，重新测量电阻、电压、电流，将结果记录于表 4-6 中。

表 4-6 电阻并联测量结果

测 量 次 数	R_1 阻值/Ω	R_2 阻值/Ω	流过 R_1 电流/A	流过 R_2 电流/A	电阻两端 电压/V
1					
2					
3					

从表 4-6 可以看到，R_1 与 R_2 比较，阻值越_____，流过的电流越_____，两电阻两端的电压_____。

【知识链接】

并联电路特点

1）并联电路中各电阻两端的电压都相等，且等于电路的电压。

2）并联电路中的总电流等于各支路电流之和。

3）并联电路的等效电阻的倒数等于各并联电阻的倒数之和。

若两个电阻并联，则等效电阻 $R = \dfrac{R_1 R_2}{R_1 + R_2}$

4）在并联电路中，各支路分配的电流与支路的电阻值成反比，各支路电阻消耗的功率与电阻值成反比。

两电阻并联电路的分流公式为

$$I_1 = \frac{R_2}{R_1 + R_2} I, \quad I_2 = \frac{R_1}{R_1 + R_2} I \tag{4-4}$$

特别提示

❖ 并联电路实质是分流。两个电阻 R_1、R_2 并联，可简记为 $R_1 // R_2$。

❖ 各支路电流与电阻值成反比。

❖ 各支路电阻所消耗的功率与电阻值成反比。

项目五 插座及家用照明电路安装

任务一 识读电路图
任务二 元器件的识别与检测
任务三 电路安装

职业岗位应知应会目标…

知识目标：

➤ 了解正弦交流电基本概念

➤ 掌握交流电的三要素

➤ 了解单相正弦交流电路

➤ 掌握开关和插座安装工艺要求

技能目标：

➤ 能检测元器件好坏

➤ 会安装电路

素养目标：

➤ 规范操作、乐观向上

➤ 合作学习、爱护公物

➤ 安全意识、精益求精、职业精神

任 务 一 识读电路图

一、识读电路图

插座及家用照明电路如图 5-1 所示。

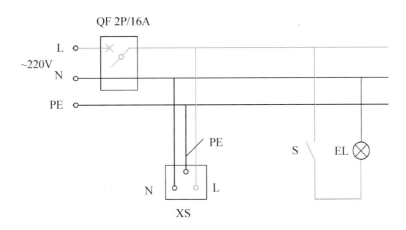

图 5-1 插座及家用照明电路

该电路由漏电保护器 QF（带漏电保护的断路器）、插座 XS（单相三孔插座）、开关 S、白炽灯 EL 及若干导线组成。L 和 N 为电路提供单相交流电源，即 220V、50Hz 市电。

接通电源，合上开关 S，220V 交流电压将通过电源线、开关加在白炽灯两端，灯亮。同时插座接入单相交流电，为用电器提供单相电源。

 特别提示

❖ 生产实际中，每套住宅的空调器及其他电源插座与照明系统应分开，每路均由独立的断路器控制。

二、工具材料准备

本电路所用工具、仪器仪表：常用电工工具一套，万用表一块。

本电路所用元器件清单见表 5-1。

表 5-1 插座及家用照明电路元器件清单

序 号	名 称	型 号 规 格	单价	数量	金额	备 注
1	灯头座及螺口灯头	平装灯头座, 220V 白炽灯或节能灯自定		1 只		
2	开关	单联单控		1 套		
3	插座	单相五孔插座		1 只		
4	铜线	BVR 1.0mm^2		若干		
5	实训用配电板	800mm×600mm×15mm		1 块		
合计					元	

💰请同学们到市场询价，或者上网查询价格，填好表 5-1 中的单价及金额，核算出安装插座及家用照明电路的成本。

任务二 元器件的识别与检测

一、开关

开关是接通或断开照明灯具的器件，与被控照明电器相串联，用来控制电路的通断。按安装形式分为明装式和暗装式。明装式有拉线开关和扳把开关（又称平头开关），暗装式有跷板式开关和触碰式开关。按结构分为单联开关、双联开关、单控开关、双控开关和旋转开关等。家庭装潢中普遍使用的单控开关外形和接线如图 5-2 所示。

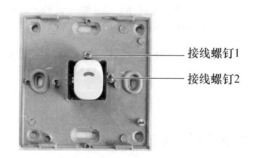

接线螺钉1
接线螺钉2

图 5-2 单控开关外形和接线

职业标准链接

开关安装使用规范

❖ 开关一定要接在相线上。明装时通常应装在符合规定的塑料接线盒内，塑料接线盒用螺钉固定在安装板上。

❖ 开关距地高度一般应为 1.3m，距门框 150~200mm。拉线开关距地高度一般应为 2~3m，拉线出口应垂直向下。

二、照明灯

随着 LED 技术的不断成熟，LED 照明光效不断提高，目前高质量白光 LED 已经达到 200lm/W，而一般白炽灯和节能灯通常为十几到几十 lm/W，18W 的 LED 灯管可以替换 42W 的传统荧光灯管，7W 的球泡灯可以替换 50W 的白炽灯。LED 照明具有发光效率高、使用寿命长、亮度高、功耗低和响应快等特点，且正在向智能化方向发展。白炽灯、荧光灯和节能灯已逐步被 LED 灯具取代。

LED 照明灯具按用途分为户外照明、室内照明、景观照明和特种照明。户外照明包括路灯、隧道灯、投光灯等，景观照明包括地埋灯、草坪灯、庭院灯、水下灯等，特种照明通常包括工矿灯、探照灯、应急灯、汽车灯、舞台灯光等。室内照明灯包括荧光灯、吸顶灯、面板灯、球泡灯、射灯、台灯、壁灯等。

常见的家用 LED 照明灯外形如图 5-3 所示。

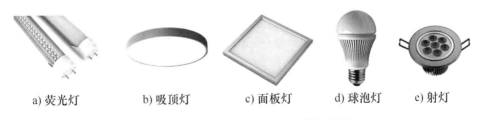

a) 荧光灯　　b) 吸顶灯　　c) 面板灯　　d) 球泡灯　　e) 射灯

图 5-3　常见的家用 LED 照明灯外形

三、插座

插座是专为移动照明电器、家用电器和其他用电设备提供电源的，其种类很多，按安装位置分为明装插座和暗装插座；按电源相数分为单相插座和三相插座；按其基本结构分为单相双极两孔、单相三极三孔、三相四极四孔插座等。目前新型的多用组合插座或接线板更是品种繁多，将两孔与三孔、插座与开关、开关与安全保护等合理地组合在一起，既安全又美观，在家庭和宾馆得到了广泛的应用。常见插座外形及接线如图5-4所示。

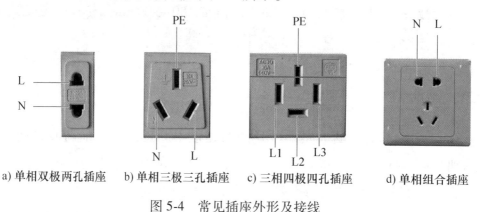

a) 单相双极两孔插座　　b) 单相三极三孔插座　　c) 三相四极四孔插座　　d) 单相组合插座

图5-4　常见插座外形及接线

 职业标准链接

插座安装规范

❖ 插座垂直离地高度：明装插座不应低于1.3m，特殊场合的暗装插座不低于0.15m，公共场所的插座应不低于1.3m，浴室、蒸汽房、游泳池等潮湿场所内应使用专用插座，安装高度距地应不低于1.5m。

❖ 对于单相两孔插座有横装和竖装两种，如图5-4所示。横装时，一般都是左孔接中性线（俗称零线）N，右孔接相线（俗称火线）L，简称"左零右火"；竖装时，上孔接L线，下孔接N线，简称"上火下零"。

❖ 单相组合插座如图5-4d所示，正对面板，左孔接N、右孔接L、上孔接保护接地线PE。

四、漏电断路器

低压配电系统中装设漏电断路器（又称剩余电流动作保护断路器）以对直接触电和间接触电进行有效保护。常用单相漏电断路器外形和接线如图5-5a所示，三相漏电断路器如图5-5b所示。

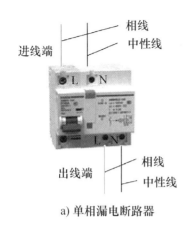

进线端 — 相线 / 中性线

a) 单相漏电断路器

出线端 — 相线 / 中性线

b) 三相漏电断路器

图 5-5 漏电断路器外形及接线

漏电断路器的选用和接线应严格执行 GB 13955—2017《剩余电流动作保护装置安装和运行》的规定。选择漏电断路器时应特别注意以下几个方面：

1）单相 220V 电源供电的电气设备，应优先选用二极二线式漏电断路器。

2）三相三线式 380V 电源供电的电气设备，应选用三极三线式漏电断路器。

3）三相四线式 380V 电源供电的电气设备，三相设备与单相设备共用的电路应选用三极四线或四极四线式漏电断路器。

4）手持式电动工具、移动电器、家用电器等设备应优先选用额定剩余动作电流不超过 30mA，一般型（无延时）的漏电断路器。

 职业标准链接

漏电断路器使用规范

❖ 安装漏电断路器前应仔细检查其外壳、铭牌、接线端子、试验按钮及合格证等是否完好。

❖ 漏电断路器标有电源侧和负荷侧时，应按规定安装接线，不得反接。

❖ 漏电断路器安装时必须严格区分 N 线和 PE 线，三极四线式或四极四线式漏电断路器的 N 线应接入漏电断路器，但 PE 线不得接入。

❖ 安装完毕，应操作试验按钮 3 次，带额定负荷电流分合 3 次，均应可靠动作，方可投入使用。

任务三 电路安装

一、检测电气元件

1）用万用表检测开关好坏。

2）用万用表检测照明灯好坏。

二、安装、接线

（1）安装电器元件 参照图5-6在配电板上安装电器元件。

 职业标准链接

安装电器元件工艺要求

❖ 元器件布置应整齐匀称，间距合理。

❖ 紧固各元器件时，用力要均匀，紧固程度应适当，注意用螺钉旋具轮流旋紧对角线上的螺钉，并掌握好旋紧度，手摇不动后再适当旋紧些即可。

❖ 各电器元件之间应留足安全操作距离，漏电断路器上方50mm内不得安装其他任何电器元件，以免影响散热。

（2）接线 按电路图完成板前明线配线。可参考图5-6所示的电路安装示意图。

职业标准链接

照明电路接线工艺要求

❖ 相线和中性线应严格区分，对螺口平灯座，相线必须接在与灯座中心点相连的接线端上，中性线接在与螺口相连的接线端上。

❖ 开关应串联在通往灯座的相线上，使相线通过开关后进入灯座。

❖ 板前配线应注意保持横平竖直，尽量不交叉，不架空。

❖ 所有硬导线应可靠压入接线螺钉垫片下，不松动，不压皮，不露铜。多股铜芯必须绞紧并经 U 形压线端子后再进入各电气设备的接线柱或瓦形垫片锁紧。

❖ 用双股棉织绝缘软线时，有花色的一根导线接相线，没有花色的导线接中性线。

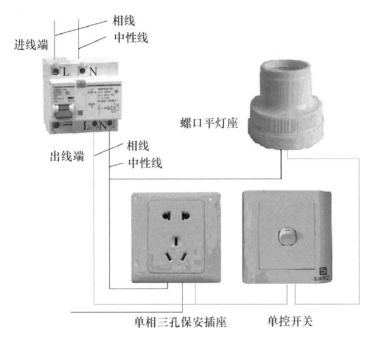

图 5-6　插座及单灯单控电路安装示意图

三、通电运行

（1）自检电路　接线完毕，对照原理图用万用表检查线路是否存在短路现象；旋入螺口灯头，按动开关，测量回路通断情况；测量插座孔与相应导线的对应关系，不能错乱。

特别提示

❖ 生产实践中验收时应严格按照 GB 50303—2015《建筑电气工程施工质量验收规范》的相关规定执行。

（2）通电运行　经自检电路后，再由教师检查无误后，在教师的指导下合上漏电保护器，通电观察结果。

 职业安全提示

电路通电检测

❖ 按动开关，观察灯头是否受控，是否正常发光，有无异常现象。

❖ 插座电压符合要求，用试电笔试验是否符合"左零右火"的基本原则。

❖ 用万用表交流电压档测量插座电压是否正常（将万用表拨到交流250V电压档）。

四、清理现场

实训结束后清理现场，收好工具、仪表，整理实训台。

五、项目评价

将本项目的评价与收获填入表5-2中。

表5-2　项目的过程评价表

评价内容	任务完成情况	规范操作	参与程度	6S执行情况
自评分				
互评分				
教师评价				
收获与体会				

【知识链接】

正弦交流电

一、单相正弦交流电

1. 正弦交流电的概念

大小和方向都随着时间变化的电流称为交变电流，简称交流电。将矩形线圈置于匀强磁场中并使其做匀速转动，即可产生按正弦规律变化的交流电，称为正弦交流电。

2. 正弦交流电的三要素

正弦交流电包含三个要素：最大值（或有效值）、周期（或频率、角频率）和初相位。

（1）有效值和最大值　正弦交流电有效值和最大值的关系为

$$有效值 = \frac{最大值}{\sqrt{2}} \tag{5-1}$$

例如，正弦交流电流有效值和最大值的关系表达式为

$$I = \frac{I_m}{\sqrt{2}}$$

（2）周期、频率、角频率　我国和大多数国家采用 50Hz 的正弦交流电，这种频率称为工业标准频率，简称工频。通常使用的照明电路、家用电器、交流电动机、交流弧焊机等都采用这种频率。但有些国家采用的正弦交流电频率为 60Hz。

周期和频率互为倒数关系，即

$$T = \frac{1}{f} 或 f = \frac{1}{T} \tag{5-2}$$

角频率与周期 T、频率 f 之间的关系为

$$\omega = \frac{2\pi}{T} = 2\pi f \tag{5-3}$$

（3）初相位　t 时刻正弦交流电所对应的电角度 $\varphi = (\omega t + \varphi_0)$ 称为相位。它决定交流电每一瞬间的大小。相位用弧度或度表示。

交流发电机的线圈开始转动时（$t=0$）的相位称为初相位，简称初相。它反映了正弦交流电在 $t=0$ 时瞬时值的大小。习惯上规定初相位用绝对值小于 π 的角来表示，可采用 $\pm 2\pi$ 来实现。

3. 正弦交流电的表示法

（1）解析式法　表达交流电随时间变化规律的数学表达式称为解析式，正弦交流电的电动势、电压、电流的一般解析式为

$$e = E_\mathrm{m}\sin(\omega t + \varphi_0)$$

$$u = U_\mathrm{m}\sin(\omega t + \varphi_0)$$

(5-4)

$$i = I_\mathrm{m}\sin(\omega t + \varphi_0)$$

式中　E_m、U_m、I_m——正弦量的最大值或幅值；

ω——角频率；

φ_0——初相位。

（2）波形图法　描述电动势（或电压、电流）随时间变化规律的曲线称为波形图，图 5-7 是正弦交流电 $u = U_\mathrm{m}\sin(\omega t + \varphi_0)$ 的波形图。

（3）旋转矢量表示法　常用正弦交流电的表示方法有解析式表示法、波形图表示法和旋转矢量（相量）表示法。

相量用大写英文字母头上加点表示，若有向线段的长度等于正弦交流电的最大值，则称为最大值矢量，用 $\dot{I}_\mathrm{m}$、$\dot{U}_\mathrm{m}$、$\dot{E}_\mathrm{m}$ 来表示。若

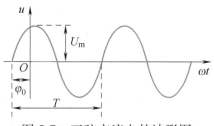

图 5-7　正弦交流电的波形图

有向线段的长度等于正弦交流电的有效值，则称为有效值矢量，用 $\dot{E}$、$\dot{U}$、$\dot{I}$ 来表示。为了使矢量的表示更加简洁，关系更加明确，坐标可以不画出，如图 5-8 所示。

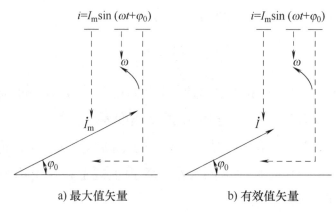

图 5-8　正弦交流电的旋转矢量表示法

4. 正弦交流电的相位关系

两个同频率的正弦交流电，任一瞬间的相位之差称为相位差，用符号 $\Delta\varphi$ 表示。两个同频率的正弦交流电才可以比较相位关系，相位关系有：超前（或滞

后）、同相、反相、正交，如图 5-9 所示。

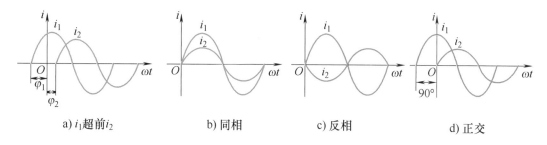

a) i_1超前i_2　　　　b) 同相　　　　c) 反相　　　　d) 正交

图 5-9　正弦交流电的相位关系

二、单相正弦交流电路

1. 纯电阻电路

纯电阻电路图如图 5-10a 所示。

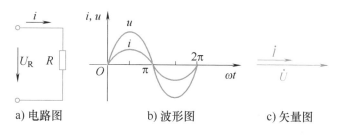

a) 电路图　　　　b) 波形图　　　　c) 矢量图

图 5-10　纯电阻电路

（1）电压与电流的关系

1）电压与电流的数量关系。在纯电阻交流电路中，电流与电压成正比，即它们的有效值、最大值和瞬时值都服从欧姆定律。表示为

$$I=\frac{U}{R}或\ I_m=\frac{U_m}{R}或\ i=\frac{u}{R} \tag{5-5}$$

2）电压与电流的相位关系。纯电阻电路的电压 u 与通过它的电流 i 同相位，如图 5-10b、c 所示。

（2）功率关系　在纯电阻电路中，电压与电流同相，电压和电流的相位差 $\phi=0$。

有功功率　$P=UI\cos\phi=UI=I^2R=\dfrac{U^2}{R}$；

无功功率　$Q=UI\sin\phi=0$；

视在功率　$S=UI=\sqrt{P^2+Q^2}=P_R$；

有功功率的单位是瓦（W）或千瓦（kW）。

纯电阻电路中有功功率 P 总为正值，说明电阻总是在从电源吸收能量，是耗能元件。

2. 纯电感电路

纯电感电路如图 5-11a 所示。

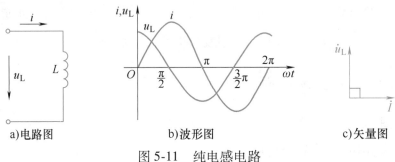

a) 电路图　　　　b) 波形图　　　　c) 矢量图

图 5-11　纯电感电路

（1）电压与电流的关系

1）电压与电流的数量关系。在纯电感电路中，电压与电流的有效值和最大值服从欧姆定律。表示为

$$I=\frac{U_{\mathrm{L}}}{X_{\mathrm{L}}}\text{或 } I_{\mathrm{Lm}}=\frac{U_{\mathrm{Lm}}}{X_{\mathrm{L}}} \tag{5-6}$$

2）电压与电流的相位关系。在纯电感电路中，电感两端的电压比电流超前 $90°$（或 $\frac{\pi}{2}$），波形图和矢量图如图 5-11b、c 所示。

（2）功率关系　在纯电感电路中，电压比电流超前 $90°$，电压和电流的相位差 $\phi=90°$。

有功功率　$P_{\mathrm{L}}=UI\cos\phi=0$；

无功功率　$Q_{\mathrm{L}}=UI=I^2X_{\mathrm{L}}=\frac{U_{\mathrm{L}}^2}{X_{\mathrm{L}}}$

视在功率　$S=UI=\sqrt{P^2+Q^2}=Q_{\mathrm{L}}$；

有功功率 $P=0$，说明电感线圈不消耗功率，只与电源间进行着能量交换，是储能元件。

三、三相正弦交流电

三相交流电是由三相发电机产生的。三相交流发电机主要由定子和转子组成。三相交流电产生原理示意图如图 5-12 所示。

定子三相对称绕组 U_1—U_2、V_1—V_2、W_1—W_2 对称地嵌在定子铁心中，当由原动机带动转子转动时，就可以产生对称的三相交流电，幅值相等、频率相同、相位依次相差 120°。以 e_u 为参考正弦量，则三相电动势的瞬时值表达式为

$$e_u = E_{um}\sin\omega t$$
$$e_v = E_{vm}\sin(\omega t - 120°)$$ (5-7)
$$e_w = E_{wm}\sin(\omega t + 120°)$$

图 5-12 三相交流电产生
原理示意图

它们的波形图和相量图如图 5-13 所示。

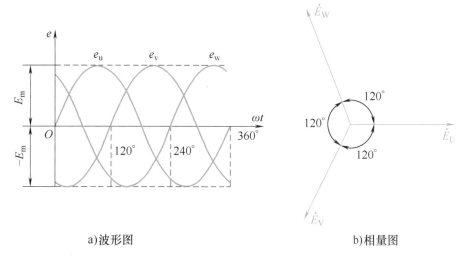

a)波形图　　　　　　　b)相量图

图 5-13　三相对称交流电的波形图及相量图

三相交流电动势在时间上出现最大值的先后顺序称为相序。相序一般分为正相序（正序）、负相序（负序）、零相序（零序）。最大值按 U—V—W—U 顺序循环出现的为正相序。最大值按 U—W—V—U 顺序循环出现的为负相序。

在电工技术和电力工程中，把这种幅值相等、频率相同、相位依次相差 120° 的三相电动势称为三相对称电动势，能供给三相对称电动势的电源称为三相对称电源。

项目六　荧光灯电路安装

任务一　识读电路图
任务二　元器件的识别与检测
任务三　电路安装

职业岗位应知应会目标…

知识目标：

➢ 了解 *RL* 串联电路的特性

➢ 掌握荧光灯电路的组成及各部件的作用

➢ 掌握荧光灯电路原理

技能目标：

➢ 能检测元器件好坏

➢ 能熟练安装调试荧光灯电路

素养目标：

➢ 严谨认真、规范操作

➢ 合作学习、团结协作

➢ 环保意识、劳模精神、创新精神

荧光灯俗称日光灯，与白炽灯相比，它具有发光效率高、使用寿命长（在10000h以上）、光色好、节能效果显著等特点，广泛应用于家庭、教室、办公楼、图书馆、医院、超市等场所。荧光灯一般有电子式荧光灯和电感式荧光灯两种，其基本结构都是由荧光灯管、镇流器和灯架等组成，由于启辉原理不同，电子式荧光灯不需要辉光启动器。

任务一 识读电路图

一、识读电路图

荧光灯电路原理图如图6-1所示。

该电路由开关、灯管、镇流器、辉光启动器等组成，电路实质是 RL 串联电路。由于采用电感性的镇流器，电路功率因数低（0.5左右），因此，一般在电源两端并联适当的电容器来提高功率因数。

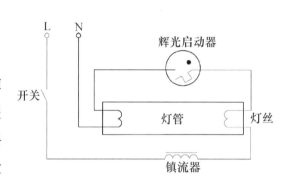

图6-1 荧光灯电路原理图

二、工具材料的准备

荧光灯电路所用的元器件见表6-1。

表6-1 荧光灯电路元器件明细表

序 号	名 称	型 号 规 格	单 价	数 量	金 额	备 注
1	灯管及灯座	20W		1只		
2	镇流器	20W		1只		
3	辉光启动器及底座	通用4~40W		1套		
4	开关	单控开关		1只		
5	导线	1.0mm²		若干		
合计					元	

请同学们到市场询价，或者上网查询价格，填好表6-1中的单价及金额，

核算出制作荧光灯电路的成本。

任务 二 元器件的识别与检测

荧光灯电路通常由灯管、镇流器、辉光启动器、灯架、灯座、辉光启动器座等组成。本任务可在灯架上进行训练，也可在实训板上进行训练。

一、灯管

灯管为电路的发光体，由玻璃芯柱、灯丝、灯头、灯脚等组成，除常见的直形灯管外，还有 U 形、环形、反射形等。直形灯管结构如图 6-2 所示，按灯管直径由大到小分类，可分为 T12、T8、T5 三种。

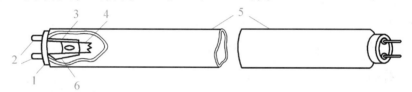

图 6-2　直形灯管结构

1—灯头　2—灯脚　3—玻璃芯柱　4—灯丝　5—灯管　6—汞（少量）

灯管抽成真空后充入一定量的氩气和少量汞，在灯管内壁上涂有荧光粉。灯管两端各有一根灯丝固定在灯脚上。灯丝用钨丝绕成，上面涂有氧化物，当电流通过灯丝而发热时，便发射出大量电子。

当灯管两端加上高电压时，灯丝发射出的电子便不断轰击汞蒸气，使汞分子在碰撞中电离，汞蒸气电离产生肉眼看不见的紫外线，紫外线照射到玻璃管内壁的荧光粉涂层上便发出近似日光色的可见光，因而荧光灯俗称日光灯。氩气有帮助灯管点燃并保护灯丝、延长灯管使用寿命的作用。荧光粉的种类不同，发光的颜色就不一样。

灯管检测步骤如下：

1）万用表选择电阻档，将转换开关拨在 R×1 倍率。

2）分别测量灯管两端的灯丝电阻，若电阻 $R \to \infty$ 则说明灯丝已断，灯管损坏。

二、电感式镇流器

荧光灯所用的镇流器有电感式和电子式。电感式镇流器是具有铁心的电感线圈。电感式镇流器按结构不同，分为封闭式、开启式和半开启式三种。

电感式镇流器的作用如下：

1）在启动时与辉光启动器配合，产生瞬时高压，点亮灯管。

2）在正常工作时降压限流，延长灯管使用寿命。

 特别提示

❖ 镇流器的标称功率必须与灯管的标称功率相符。

电感式镇流器检测时，用万用表测量其直流电阻，记下所测电阻值，以便安装好电路后自检电路时用。若直流电阻值很大，说明已损坏，应予以更换。

三、辉光启动器

辉光启动器由氖泡、纸介电容、引脚和铝质或塑料外壳组成，常用的规格有 4~8W、15~20W、30~40W 以及通用型 4~40W 等，其外形、结构和符号如图 6-3 所示。氖泡内有一个固定的静触片和一个双金属片制成的动触片。双金属片由两种膨胀系数差别很大的金属薄片粘合而成，动触片与静触片平时分开，两者相距 0.5mm 左右，与氖泡并联的纸介电容容量在 5000pF 左右。纸介电容的作用如下：

1）与镇流器线圈组成 LC 振荡回路，能延长灯丝预热时间和维持脉冲放电电压。

2）能吸收干扰收录机、电视机等电子设备的杂波信号。

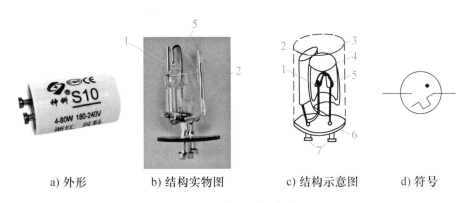

a) 外形　　b) 结构实物图　　c) 结构示意图　　d) 符号

图 6-3　辉光启动器

1—静触片　2—电容器　3—外壳　4—氖泡　5—双金属片　6—胶木底座　7—接线触头

如果电容器被击穿，去掉该电容器后氖泡仍可使灯管正常发光，但失去吸收干扰杂波的性能。

四、灯座

灯座有开启式和插入式两种，常用的开启式灯座结构如图6-4所示。开启式灯座有大型和小型两种，如6W、8W、12W、13W等的细灯管用小型灯座，15W以上的灯管用大型灯座。

图6-4 开启式灯座结构

任务三 电路安装

一、电气元件检测

对电路所用的元器件进行检测。

二、固定各器件

将各器件用木螺钉简单固定到灯架上，并标明各元器件的准确位置，尤其是需要引线的接线柱、孔位置，以便布线时准确方便地定位。

三、接线

在灯架或实训板上敷设导线并连接各元器件。根据各元器件的位置，将电源线在需要接线处进行绝缘层剖削，注意不要损伤、弄断导线，绝缘层去除的长度应适中，导线间连接处应用绝缘胶带进行绝缘处理。导线应横平竖直、长短适中，开关应接电源相线。各元器件及连线均已安装完毕后，将各元器件紧固，并用线夹固定电源线。

四、通电检验

1）检测电路。自检电路时，可按下述方法进行：

❖ 将安装好的电路检查一遍，看有无错接、漏接，相线、中性线有无颠倒。

❖ 不接电源（切记），将开关 S 闭合，用万用表电阻挡检测如下项目，检查有无短路或开路故障，将结果记入表 6-2 中。

表 6-2　测量结果记录表

测量步骤	测量项目	正确结果	测量结果（电阻值）
1	测量 L、N 间电阻	∞	
2	测量 L、辉光启动器底座一侧螺钉之间的电阻	应为镇流器和灯丝电阻之和	
3	测量 N、辉光启动器底座另一侧螺钉之间的电阻	灯管的灯丝电阻	

2）固定镇流器及吊线并安装好电源插头。

3）接通电源后，通过试电笔、万用表交流电压档测试各处电压是否正常，开关能否控制灯管亮、灭，发现问题及时检修。

五、清理现场

实训结束后清理现场，收好工具、仪表，整理实训台。

六、项目评价

将本项目的评价与收获填入表 6-3 中。

表 6-3　项目的过程评价表

评价内容	任务完成情况	规范操作	参与程度	6S 执行情况
自评分				
互评分				
教师评价				
收获与体会				

【知识链接】

RL 串联电路

荧光灯电路实质上就是 *RL* 串联电路，即灯管和镇流器串联起来，接到交流电源上。测试结果发现：镇流器两端电压 U_L + 灯管两端电压 U_R ≠ 电源电压 U，为什么呢？这是由于镇流器两端电压和灯管两端电压相位不同造成的。

一、*RL* 串联电路中电压间的关系

1. 电压间数量关系

荧光灯正常点亮后，电路可等效成图 6-5 所示的电路。

RL 串联电路中各元件流过相同的电流，设电路中电流为 $i = I_m \sin\omega t$，可得

R 两端电压 u_R 相量形式： $\dot{U}_R = R\dot{I}$

L 两端电压 u_L 相量形式： $\dot{U}_L = j\omega L\dot{I}$

总电压 u 相量形式： $\dot{U} = \dot{U}_R + \dot{U}_L$ (6-1)

作出 *RL* 串联电路相量图，如图 6-6 所示。

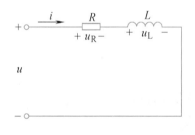
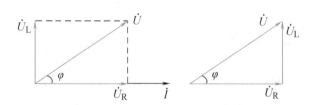

图 6-5 等效电路   图 6-6 *RL* 串联电路相量图

由上图可以看出：

1) $\dot{U}$、$\dot{U}_R$、$\dot{U}_L$ 构成直角三角形，称为电压三角形关系。

2) 电压之间的数量关系为

$$U = \sqrt{U_R^2 + U_L^2}$$ (6-2)

2. 电路的阻抗

在 *RL* 串联电路中，电阻两端电压有效值 $U_R = RI$，$U_L = X_L I$，将其代入式 (6-2) 中，得到

$$U = \sqrt{U_R^2 + U_L^2} = \sqrt{R^2 + X_L^2}\ I$$

令

$$|Z| = \frac{U}{I} = \sqrt{R^2 + X_L^2} \tag{6-3}$$

式（6-3）称为阻抗三角形关系，$|Z|$ 称为阻抗，它表示电阻和电感对交流电呈现的阻碍作用，阻抗的单位为欧姆。RL 电路的阻抗三角形如图 6-7 所示。

二、RL 串联电路的功率

将电压三角形三边同时乘以 I，就可以得到由有功功率、无功功率和视在功率组成的三角形——功率三角形，如图 6-8 所示。

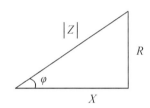

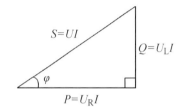

图 6-7　RL 电路的阻抗三角形　　　　图 6-8　RL 电路的功率三角形

1. 有功功率

电阻是耗能元件，电阻消耗的功率就是该电路的有功功率。

$$P = U_R I = I^2 R = \frac{U_R^2}{R} = S\ \cos\varphi \tag{6-4}$$

2. 无功功率

电阻和电感串联电路中，只有电感和电源进行能量交换，所以无功功率为

$$Q = U_L I = X_L I^2 = \frac{U_L^2}{X_L} = S\ \sin\varphi \tag{6-5}$$

3. 视在功率

电源提供的总功率，常用来表示电气设备的容量，称为视在功率。

$$S = UI \tag{6-6}$$

从功率三角形可以得到

$$S = \sqrt{P^2 + Q_L^2} \tag{6-7}$$

职业技能指导 1 万用表的使用

指针式万用表
的使用

一、万用表使用注意事项

1. 使用前

1）万用表水平放置。

2）检查表针是否停在表盘左端的零位。如有偏离，可用螺钉旋具轻轻转动机械调零旋钮，使表针指零。

 特别提示

❖ 机械调零不是每次测量必做的项目。

3）将表笔正确插入表笔插孔。红色表笔接到红色接线柱或插入标有"+"号的插孔内，黑色表笔接黑色接线柱或插入标有"-"号（"*"号或"COM"）的插孔内。

4）将转换开关旋到相应的档位和量程上。

2. 使用后

1）拔出表笔。

2）将万用表转换开关旋至空档，若无此档，应旋至交流电压最高档，以避免因使用不当而损坏。

3）若长期不用，应将表内电池取出，以防电池电解液渗漏而腐蚀内部电路。

二、万用表测量电阻

万用表测量电阻步骤如下。

（1）机械调零　万用表在测量前，将万用表按放置方式（如 MF47 型是水平放置）放置好（一放）；看万用表指针是否指在左端的零刻度上（二看）；若指针不指在左端的零刻度上，则需要机械调零，即用一字螺钉旋具调整机械调零旋钮，使之指零（三调节）。

（2）选择合适倍率　万用表的欧姆档包含了 5 个倍率量程：×1、×10、×100、×1k、×10k 。先把万用表的转换开关拨到一个倍率，红、黑表笔分别接被测电阻的两引脚，进行初步测量，观察指针的指示位置，再选择合适的倍率。

（3）欧姆调零　将转换开关旋在欧姆档的适当倍率上，将两根表笔短接，指针应指向电阻刻度线右边的"0"Ω处。若不在"0"Ω处，则调整欧姆调零旋钮使指针指零。

（4）读数　万用表上欧姆档的标志是"Ω"符号，档位处有"Ω"标志，读数时看有"Ω"标志的那条刻度线。万用表电阻档的刻度线标度是不均匀的，如图6-9所示，最上面一条刻度线上只有一组数字，作为测量电阻专用，从右往左读数。读数值再乘以相应的倍率，即为所测电阻值。

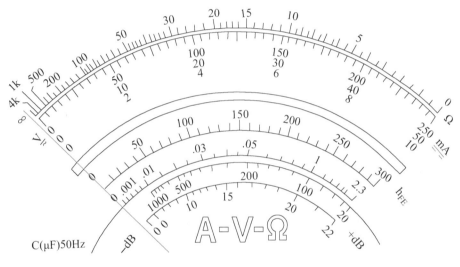

图6-9　万用表电阻档刻度线

例如，倍率选×1k，刻度线上的读数为7.2，那么该电阻值为7.2×1kΩ，即7.2kΩ；如果倍率选×10，刻度线上的读数还是在原来位置，那么该电阻值为7.2×10Ω＝72Ω。

当表头指针位于两个刻度之间的某个位置时，由于欧姆标度尺的刻度是非均匀刻度，应根据左边和右边刻度缩小或扩大的趋势，估读一个数值。

【归档】　测量完毕，将转换开关拨在万用表的空档或交流电压最高档。

 职业安全提示

万用表测电阻注意事项

❖ 每次更换量程都必须进行欧姆调零。

❖ 不要同时用手触及元器件引脚的两端（或两根表笔的金属部分），以免人体电阻与被测电阻并联，使测量结果不准确。

❖ 在欧姆调零时，若发生调零旋钮旋至最大，指针仍然达不到0，这种现象通常是由于表内电池电压不足造成的，换上新电池才能准确测量。

❖ 测量电阻时，被测电阻器不能处在带电状态。在电路中，当不能确定被测电阻器有没有并联电阻存在时，应把电阻器的一端从电路中断开，才能进行测量。

三、万用表测量直流电压、电流

直流电压档是万用表常用的测量档位之一。直流电压档及刻度线标志是"$\underset{\sim}{V}$"，直流电流档及刻度线标志是"$\underset{\sim}{mA}$"。直流电压和直流电流读数时都用图6-9所示的第二条刻度线。

万用表测量直流电压、电流步骤如下：

1）正确插入表笔。

2）选择合适的量程。如果不知道被测电压或电流的大小，应先用最大量程，而后再选用合适的量程来测量，以免表针偏转过度而损坏表头。测电压、电流时应尽量使指针偏转到满度的1/2以上，这样可减少测量误差。

3）正确接入万用表。测量电压时，万用表与被测部分并联；测量电流时，万用表与被测部分串联。

4）读数。如图6-9所示，第二条刻度线为交直流电压和直流电流读数的共用刻度线，标有"$\underset{\sim}{V}$"和"$\underset{\sim}{mA}$"标志。刻度线的最左端为"0"，最右端为满刻度值，均匀分了5个大格、50个小格。为了读数方便，刻度线下有0~250、0~50和0~10三组数。例如，测直流电压时，若选择了50V量程，则按0~50这组读数就比较方便，即满量程是50V，每个小格代表的是$\dfrac{50V}{50 \text{小格}} = 1V/\text{小格}$，如果指针指在20右边过1个小格的位置，则读数值为21.0小格×1V/小格=21.0V。

测直流电流时的读数方法同上。

特别提示

❖ 有些型号的指针式万用表的刻度线排列顺序与此略有不同，注意看刻度线旁的标志就不会用错。

❖ 测量直流电压和直流电流时，注意"+""−"极性，不要接错。如不知道被测两点电压的极性，可用两表笔短暂试碰这两点，如发现指针反偏，应立即调换表笔，以免损坏指针及表头。该方法称为"点测法"。

 职业安全提示

万用表测直流电压、电流注意事项

❖ 测量电流与电压不能旋错挡位。如果误将电阻档或电流档去测电压，则易烧坏万用表。

❖ 测量直流电压和直流电流时，注意"+""−"极性，不要接错。

❖ 不能带电转换量程。

四、万用表测量交流电压

与测量直流电压类似，只是不用分"+""−"极性。

五、数字式万用表的使用

数字式万用表
的使用

数字式万用表是用数字显示的测量仪表，读数容易，测量精度较高。不同型号的数字式万用表可测量的物理量不同，一般都能测量直流电压、交流电压、电流、电阻、电容等。

1. 数字式万用表外形

VC890C+数字式万用表外形如图6-10所示。

2. 挡位与量程

VC890C+数字式万用表的挡位与量程如图6-11所示。

该型号数字式万用表具有电阻档（Ω）、通断档（•))）、温度档（℃/℉）、交流电流档（A~）、直流电流档（A⹀）、交流电压档（V~）、直流电压档（V⹀）、晶体管测试档（hFE）、电容档（F）。

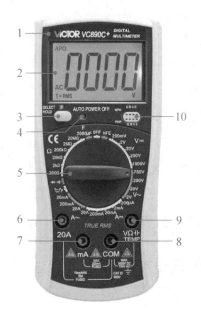

图 6-10　VC890C 数字式万用表外形

1—型号栏　2—液晶显示屏　3—显示保持/背光灯/功能转换/APO 控制开关

4—通断检测报警用发光二极管　5—量程开关　6—20A 电流测试插孔　7—200mA 电流测试插孔

8—电容、温度、"-"极、公共端　9—电压、电阻、二极管"+"极插孔　10—晶体管测试座

图 6-11　VC890C+数字式万用表的档位与量程

为了测量准确，通常在某个档位下设置若干个量程。例如，直流电压档的量程包括 200mV、2V、20V、200V、1000V。其他的档位和量程不再赘述。

3. 使用注意事项

1）使用万用表前，应认真阅读有关的使用说明书，熟悉量程开关、插孔、特殊插孔的作用。

2）将量程开关转到直流电压档、交流电压档、直流电流档、交流电流档、电容档时均显示"0.0"，转到通断档时显示".OL"。如果 LCD 显示屏上出现

"⊟" 符号，则表示表内电池的电量不足。

3）测量时超量程，会在最高位显示"OL"或（"1."）字样。

4）使用完毕，应将电源开关拨至"OFF"。长期不用，应取出电池。

5）测量直流电压、交流电压、直流电流、交流电流、电阻时，如果事先对被测量的范围没有概念，应将量程开关转到最高量程，然后根据显示值转至相应量程上。如屏幕显示"OL"或（"1."），表明已超过量程范围，应将量程开关转至较高量程。

6）数字式万用表在刚测量时，显示屏的数值会有跳数现象，属于正常现象，待显示数值稳定后才能读数。

4. 与指针式万用表的使用区别

1）红表笔为正，黑表笔为负（指针式万用表相反，黑表笔为正，红表笔为负）。

2）指针式万用表测量电阻每次更换量程都必须进行欧姆调零，数字式万用表测量电阻更换量程不用进行欧姆调零。

职业技能指导 2 单相电能表安装接线

单相电能表多用于家用配电线路中，其规格多用其工作电流表示，常用规格有 2.5（10）A、5（20）A、10（40）A、15（60）A 等，（ ）中为允许载流量。电能表是累积记录用户一段时间内消耗电能多少的仪表。单相电能表的外形、结构如图 6-12 所示。它主要由驱动元件、转动元件、制动元件和积算机构四部分构成。

 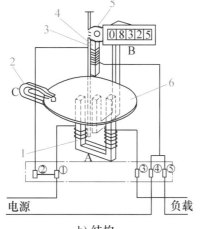 

a) 外形　　　　　　　b) 结构　　　　　　c) 电压电流线圈

图 6-12 单相电能表

1—电流元件　2—永久磁铁　3—转轴　4—电压元件　5—传动机构　6—铝盘

一般家庭用电量不大，电能表可直接接在线路上，家用配电板电路如图6-13所示。

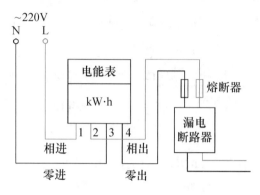

图6-13　家用配电板电路

由图可看出电能表的接线规律。单相电能表接线盒里共有四个接线桩，从左至右按1、2、3、4编号，直接接线方式是：接线端子编号1是相线入，2是相线出，3是零线入，4是零线出。

职业标准链接

电能表安装接线技术规范

❖ 一般电能表的接线盒的盒盖内侧有接线图。

❖ 接线前要对各进、出线回路进行绝缘电阻测试，均大于$0.5M\Omega$，电缆大于$10M\Omega$。

❖ 配电板应安装在不易受振动的建筑物上，板的下缘离地面1.5~1.7m。安装时除注意预埋紧固件外，还应保持电能表与地面垂直，否则将影响电能表计量的准确性。

❖ 各回路要编号，分户配电箱和电表箱的各分路均要用标签纸、碳素笔标明回路编号、回路名称，各配电箱的出线开关也要注明其所控制的设备名称。

阅读材料

导线及其选择

常用的电线、电缆分为裸导线、橡胶导线、聚氯乙烯绝缘电线、漆包圆导线、低压橡套电缆等。

常用电线电缆的型号、名称和用途见表6-4。

表6-4 常用电线电缆的型号、名称和用途

大 类	型 号	名 称	用 途
电线、电缆	BV BLV BX BLX BLXF	聚氯乙烯绝缘铜芯线 聚氯乙烯绝缘铝芯线 铜芯橡皮线 铝芯橡皮线 铝芯氯丁橡皮线	交、直流500V及以下室内照明和动力线路的敷设，室外架空线路
	LJ LGJ	裸铝绞线 钢芯铝绞线	室内高大厂房绝缘子配线和室外架空线
	BVR	聚氯乙烯绝缘铜芯软线	活动不频繁场所电源连接线
	BVS RVB	聚氯乙烯绝缘双根铜芯绞合软线 聚氯乙烯绝缘双根平行铜芯软线	交、直流额定电压为250V及以下的移动式电具吊灯电源连接线
	BXS	棉花纺织橡皮绝缘双根铜芯绞合软线（花线）	交、直流额定电压为250V及以下吊灯电源连接线
	BVV	聚氯乙烯绝缘护套铜芯线（双根或3根）	交、直流额定电压为500V及以下室内外照明和小容量动力线路敷设
	RHF	氯丁橡胶铜芯软线	250V室内外小型电气工具电源连线
	RVZ	聚氯乙烯绝缘护套铜芯软线	交、直流额定电压为500V及以下移动式电具电源连接线
电磁线	QZ	聚酯漆包圆铜线	耐温130℃，用于密封的电机、电器绕组或线圈
	QA	聚氨酯漆包圆铜线	耐温120℃，用于电工仪表细微线圈或电视机线圈等高频线圈
	QF	耐冷冻剂漆包圆铜线	在氟利昂等制冷剂中工作的线圈如冰箱、空调器压缩机电动机绕组
通信电缆	HY、HE、HP、HJ、GY	H系列及G系列光纤电缆	电报、电话、广播、电视、传真、数据及其他电信息的传输

 知识问答

问题：什么是新型绿色能源发电？

答：使用电视机、电冰箱、空调器等电器时，也许我们并没有意识到电力

对环境造成的破坏。使用煤、石油、天然气等的火力发电，已经成为二氧化碳等温室气体的主要排放源之一，对环境造成了严重的污染，迫切需要新的替代能源。因此，绿色能源发电在电能生产中起到了越来越大的作用。

绿色能源发电有两层含义：一是利用现代技术开发干净、无污染的新能源发电，如风能发电、太阳能发电（包括太阳光伏发电和太阳热能发电）、地热能发电、小水电、潮汐能发电等；二是化害为利，同改善环境相结合，充分利用城市垃圾、淤泥等废物中所蕴藏的能源发电。

 应知应会要点归纳

第一部分（项目三~项目四）

1. 电流所通过的路径称为电路。电路一般由电源、负载、开关和连接导线四部分组成。

2. 电路分为通路、断路和短路三种状态。

3. 电路的主要物理量有电流、电压、电位、电动势、功率、电能等。

4. 导体对电流的阻碍作用称为电阻。一定材料制成的导体，电阻和它的长度成正比，和它的截面积成反比，这个结论称为电阻定律，电阻定律用公式表示为 $R=\rho\dfrac{L}{S}$。

5. 电阻的连接分为串联、并联、混联三种。

6. 欧姆定律是计算电路的最重要、最基本的定律之一，它反映了电阻及其电压、电流之间的关系。

应用于一段电路中称为部分电路欧姆定律，公式表示为 $I=\dfrac{U}{R}$，应用于全电路中称为全电路欧姆定律，公式表示为 $I=\dfrac{E}{R+r}$。

7. n 个电阻器串联，电路特点：

$$I=I_1=I_2=I_3=\cdots=I_n$$
$$U=U_1+U_2+U_3+\cdots+U_n$$
$$R=R_1+R_2+R_3+\cdots+R_n$$

串联电阻器可起到分压作用。两个电阻器串联的分压公式为 $U_1=\dfrac{R_1}{R_1+R_2}U$，

$$U_2 = \frac{R_2}{R_1 + R_2} U_。$$

8. n 个电阻器并联，电路特点：

$$U = U_1 = U_2 = U_3 = \cdots = U_n$$

$$I = I_1 + I_2 + I_3 + \cdots + I_n$$

$$\frac{1}{R} = \frac{1}{R_1} + \frac{1}{R_2} + \frac{1}{R_3} + \cdots + \frac{1}{R_n}$$

并联电阻器可起到分流作用。两个电阻器并联的分流公式为 $I_1 = \dfrac{R_2}{R_1 + R_2} I$，

$I_2 = \dfrac{R_1}{R_1 + R_2} I_。$

第二部分（项目五~项目六）

1. 大小和方向都随着时间变化的电流称为交变电流，简称交流电。按正弦规律变化的交流电，称为正弦交流电。

2. 正弦交流电的三要素：最大值（或有效值）、周期（或频率、角频率）和初相位。

3. 正弦交流电的表示方法有：解析式、波形图和矢量图。

4. 交流电流瞬时值表达式可用解析式来表示：$i = I_m \sin(\omega t + \varphi_0)$。

5. 正弦交流电的有效值与最大值之间的关系：$有效值 = \dfrac{最大值}{\sqrt{2}}$

6. 周期、频率、角频率之间的关系：$T = \dfrac{1}{f}$、$\omega = \dfrac{2\pi}{T} = 2\pi f_。$

7. 两个同频率的正弦交流电，任一瞬间的相位之差称为相位差。

8. 正弦交流电的电动势、电压、电流的一般解析式为

$$e = E_m \sin(\omega t + \varphi_0)$$

$$u = U_m \sin(\omega t + \varphi_0)$$

$$i = I_m \sin(\omega t + \varphi_0)$$

9. 两个同频率的正弦交流电才可以比较相位关系，相位关系有超前（或滞后）、同相、反相、正交。

10. 在纯电阻交流电路中，电流与电压成正比，即它们的有效值、最大值和瞬时值都服从欧姆定律。表示为

$$I = \frac{U}{R} \text{ 或 } I_{\text{m}} = \frac{U_{\text{m}}}{R} \text{ 或 } i = \frac{u}{R}$$

11. 在纯电阻电路中，电压与电流同相位。

12. 纯电阻电路中有功功率 P 总为正值，说明电阻总是在从电源吸收能量，是耗能元件。

13. 在纯电感电路中，电压与电流的有效值和最大值服从欧姆定律。表示为

$$I = \frac{U_{\text{L}}}{X_{\text{L}}} \text{ 或 } I_{\text{Lm}} = \frac{U_{\text{Lm}}}{X_{\text{L}}}$$

14. 在纯电感电路中，电感两端的电压比电流超前90°$\left(\text{或}\dfrac{\pi}{2}\right)$。

15. 电感线圈不消耗功率，只与电源间进行着能量交换，是储能元件。

16. 幅值相等、频率相同、相位依次相差120°的三相电动势称为三相对称电动势，能供给三相对称电动势的电源称为三相对称电源。

 应知应会自测题

第一部分（项目三~项目四）

一、填空题

1. 一段电阻为4Ω的导线，如果将它对折后接入电路，其电阻是_____Ω。

2. 导体材料及长度一定，导体横截面积越小，则导体的电阻值_____。

3. 电阻在电路中的连接方式有_____、_____和混联。

4. 串联电路中的_____处处相等，总电压等于各电阻上_____之和。

二、判断题（正确的打"√"，错误的打"×"）

1. 电荷的运动形成电流。（　　　）

2. 几个电阻串联后的总电阻大于每一个电阻的阻值。（　　　）

3. 几个电阻并联后的总电阻值一定小于其中任一个电阻的阻值。（　　　）

4. 欧姆定律不但适用于线性电路，也适用于非线性电路。（　　　）

5. 测量电流时，应把电流表串联在被测电路里；测量电压时，应把电压表和被测部分并联。（　　　）

6. 电路中某两点的电位都很高，则该两点间电压一定很大。（　　）

7. 电压的大小与零电位点的选择无关，而电位的大小与零电位点的选择有关。（　　）

三、单项选择题

1. 下列电路与开路状态相同的是（　　）。

A. 通路　　　　　　B. 闭路　　　　　　C. 断路　　　　　　D. 短路

2. 随参考点的改变而改变的物理量是（　　）。

A. 电位　　　　　　B. 电压　　　　　　C. 电流　　　　　　D. 电阻

3. 直流电是指（　　）。

A. 电流方向和大小都不随时间改变　　　B. 电流方向变，大小不变

C. 电流方向不变，大小改变　　　　　　D. 电流方向和大小都随时间改变

4. 交流电的（　　）随时间发生变化。

A. 大小　　　　　　B. 方向　　　　　　C. 大小和方向　　　D. 无法判断

5. 有一段电阻是 16Ω 的导线，把它对折起来作为一条导线使用，电阻是（　　）。

A. 8Ω　　　　　　B. 16Ω　　　　　　C. 32Ω　　　　　　D. 4Ω

6. 三个阻值相同的电阻器并联，其总电阻等于一个电阻值的（　　）。

A. 1/3　　　　　　B. 3　　　　　　　C. 6　　　　　　　D. 4/3

7. 用 10 个 100Ω 的电阻器并联后，其等效电阻为（　　）。

A. 1Ω　　　　　　B. 10Ω　　　　　　C. 100Ω　　　　　D. 1000Ω

8. 一只 3Ω 的电阻器和一只 6Ω 的电阻器并联，则总电阻为（　　）。

A. 2Ω　　　　　　B. 3Ω　　　　　　C. 6Ω　　　　　　D. 9Ω

9. 欧姆定律阐述了（　　）。

A. 电压与电流的正比关系

B. 电流与电阻的反比关系

C. 电压、电流与电阻三者之间的关系

D. 电压、电流与温度三者之间的关系

10. 部分电路欧姆定律的数学表达式是（　　）。

A. $I = UR$　　　　B. $I = R/U$　　　　C. $I = U/R$　　　　D. $I = E/(R+r)$

11. 两个电阻串联接入电路，当两个电阻阻值不相等时，则（   ）。

A. 电阻大的电流小　　　　　　　　B. 电流相等

C. 电阻小的电流小　　　　　　　　D. 电流大小与阻值无关

四、信息搜索

上网搜索导线线径与载流量表，学会选择导线线径。

第二部分（项目五~项目六）

一、填空题

1. 我国工频交流电的频率为_____Hz，周期为_____s。

2. 正弦交流电的三要素是_____、_____和_____。

3. 已知一正弦交流电在 0.1s 内变化了 5 周，那么它的周期是_____，频率为_____，它的角频率为_____。

4. 已知一正弦交流电 $i = 311\sin(314t + 30°)$ A，则该交流电的最大值为_____，有效值为_____，频率为_____，周期为_____，初相位为_____。

5. 正弦交流电的波形如图 6-14 所示，则 φ_u = _____，最大值 U_m = _____ V，周期 T = _____ s，角频率 ω = _____ rad/s。该波形图对应的解析式为_____。

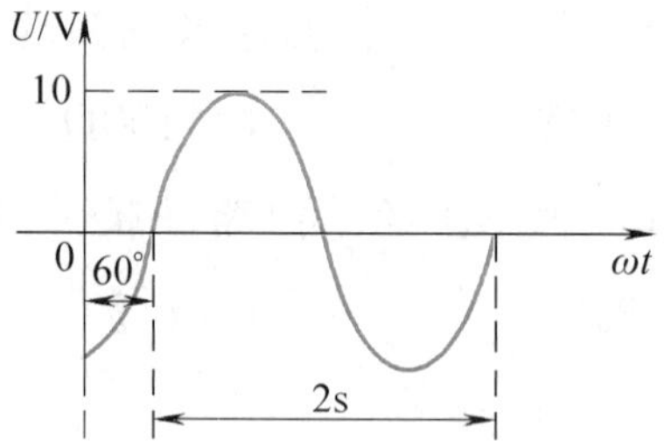

图 6-14　正弦交流电的波形

6. 在纯电阻交流电路中，电压与电流的相位关系是_____；在纯电感交流电路中，电压与电流的相位关系是电压_____电流 90°。

7. 在纯电感电路中，电压与电流的_____和_____值符合欧姆定律，电路的有功功率为_____。

8. 电感对电流的阻碍作用称为_____，用_____表示。

9. 在 RL 串联电路中，若已知 $U_R = 6V$，$U = 10V$，则电压 $U_L = $ _____ V，电路呈_____性。

10. 交流电路中的有功功率用符号_____表示，其单位是_____或_____。

二、判断题（正确的打"√"，错误的打"×"）

1. 正弦交流电的三要素是最大值、周期和频率。（　　）

2. 大小与方向随时间的变化而变化的电流、电压或电动势称为正弦交流电。（　　）

3. 一只额定电压为 220V 的白炽灯可以接在最大值是 311V 的正弦交流电上。（　　）

4. 交流电压表测得的数值是 220V，是指交流电的最大值是 220V。（　　）

5. 电阻是耗能元件。（　　）

6. 纯电感或纯电容电路只有能量的交换，没有能量的消耗。（　　）

7. 白炽灯接线时不用区分相线和中性线。（　　）

8. 荧光灯电路中一般通过在电源两端并联适当的电容器来提高功率因数。（　　）

9. 一般电器、仪表上所标注的交流电压、电流数值都是瞬时值。（　　）

10. 幅值相等、频率相同、相位依次相差 120° 的三相电动势称为三相对称电动势。（　　）

三、单项选择题

1. 在测量交流电压时，万用表的读数是（　　）。

A. 最大值　　　　B. 有效值　　　　C. 瞬时值　　　　D. 平均值

2. 我国使用的工频交流电频率为（　　）。

A. 45Hz　　　　B. 50Hz　　　　C. 60Hz　　　　D. 65Hz

3. 正弦交流电的有效值是其最大值的（　　）。

A. $\sqrt{3}$ 倍　　　　B. $\sqrt{2}$ 倍　　　　C. $1/\sqrt{3}$ 倍　　　　D. $1/\sqrt{2}$ 倍

4. 两个同频率正弦交流电的相位差等于 180° 时，它们的相位关系是（　　）。

A. 同相   B. 反相   C. 相等   D. 正交

5. 在纯电感电路中交流电压与交流电流之间的相位关系为（   ）。

A. u 超前 i π/2   B. u 滞后 i π/2   C. u 与 i 同相   D. u 与 i 反相

6. 在纯电感电路中，电路的（   ）。

A. 有功功率等于零   B. 无功功率等于零

C. 视在功率等于零   D. 无法确定

7. 开关应串联在（   ）上。

A. 中性线   B. 零线   C. 相线   D. 地线

8. 某交流电的周期是 0.02s，则它的频率为（   ）Hz。

A. 25   B. 50   C. 60   D. 200

四、信息搜索

1. 每个国家交流电的工业频率（工频）是不是都采用 50Hz 呢？请通过查找资料说明世界各国的电压及频率。

2. 通过查阅资料或社会调查，总结一度电能做什么，讨论如何节约用电。

 看图学知识

逆变直流弧焊机

ON 开关闭合
OFF 开关断开
DC 直流电
AC 交流电
POWER 电源

CE

    CE是一种安全认证标志，它代表欧洲统一。凡是标有"CE"标志的产品就可在欧盟各成员国内销售，无须符合每个成员国的要求，从而实现了商品在欧盟成员国范围内的自由流通。

工匠成长案例2

牛连山——焊接"牛人"勇耕耘

牛连山（图6-15），1974年4月出生，中共党员，中国石油管道局工程有限公司电焊工，先后荣获河北省百名能工巧匠，河北省优秀培训教师，省级技能大师工作室领衔人，中国石油集团公司技能专家、技术能手、金牌教练等称号，享受国务院政府特殊津贴。

图6-15 牛连山

技能成才好榜样

牛连山1994年技校焊接专业毕业后，靠着一股"牛劲"，在不到一年的时间里就掌握各项焊接工艺手法和理论知识，并逐步成为技术尖子。为了加快焊接速度，牛连山积极开动脑筋，经过千百次的实验，发明了摇摆氩弧焊，这种焊法的奥妙在于手持焊枪，手腕轻摆，带动焊枪"之"字形摇摆起来，磁嘴在焊道上做锯齿形摆动，摆动幅度抵达焊缝边缘。这种方法既能够保证焊缝咬边，又能保证盖面宽窄差和高低差都小于1mm，大大提高了工作效率。凭着过硬的焊接技术，牛连山先后获得河北省电焊工职业技能竞赛第三名和全国工程建设系统电焊工大赛第五名，仰板手工电弧焊并列第一名。

创新攻关好典范

牛连山不仅焊接技术水平高，在解决一线生产技术难题、提质增效工作中也凸显能力，小改小革10余项，为企业节约资金上百万元。他先后与焊材厂家共同研制出国产管道自保护药芯焊丝，摆脱依赖进口焊丝的困境，获得天津市滨海新区科技进步奖，2017年完成《在役管道维抢修自动焊焊接工艺研究》课题，采用自动焊焊接长输管道的B型套筒，大大缩短抢修焊接的时间，为国家

石油天然气管道平稳运行提供了有力保障，社会效益巨大。他将自己的工作经验撰写了3部专业著作，15篇核心技术论文。

团队协作成效显

牛连山注重团队建设，所建工作室在2014年被河北省人社厅授予"河北省牛连山技能大师工作室"，中国石油集团公司授予其"集团公司牛连山焊接技能专家工作室"。他带领工作室团队全面开展技术攻关，2016—2019年在中俄天然气管道工程中推广中国石油集团自主研发的全位置管道自动焊，攻克-40℃极低温环境焊接的技术难题，节约设备购置费用5000万元；2019年开发高原小口径长输管道自动焊设备与工艺，在海拔5200m的管道施工现场做实验长达6个月，解决了高海拔气压低的焊接禁忌和焊工缺氧体力不足的问题，保障了西部高原某国防成品油管道工程建设。

科学施教育人才

牛连山作为主教练，想尽各种办法提高队员们的技术水平和身体素质，将独特的"体能+技能+心理"竞赛培训方法应用于日常训练，管道局代表队也不负众望，在全国和省部级电焊工技能竞赛中5次获得全国团体第一名，5次获得省部级团体第一名，31人次获得省部级以上竞赛的金银铜牌。通过比赛，3人获得全国技术能手称号，1人获得全国五一劳动奖章，4人获得河北省技术能手称号，3人获得河北省五一劳动奖章。

牛连山以管道人的实际行动诠释着工匠精神，用手中的焊枪，"焊"卫着石油人的责任担当。

见贤思齐 阅读案例后，用几个词语写下你的收获与感悟。

_____

_____

_____

_____

模块三

电子技术

项目七　电子技能入门

任务一　认识常用工具材料

任务二　常见电子元器件的识别与检测

任务三　电烙铁手工焊接训练

职业岗位应知应会目标⋯

知识目标：

➤ 从外观能看出元器件的种类和名称

➤ 从元器件表面的标记能读出该元器件的数值和误差等参数

➤ 能识别各类元器件在电路板上的印制图

技能目标：

➤ 能检测电子元器件的好坏

➤ 掌握电烙铁的焊接与拆焊

素养目标：

➤ 严谨认真、规范操作

➤ 合作学习、团结协作

➤ 环保意识、奉献精神、工匠精神

任务一 认识常用工具材料

学习好电子技术的关键是勤动手、多实践，将理论知识和实践紧密结合。在学习电子技术中需要的常用工具材料如下。

1. 万用表

万用表可以是指针式万用表，也可以是数字式万用表，用于测量电子元器件和检测电路，如图7-1所示。

a) 指针式万用表　　　　　　　　b) 数字式万用表

图7-1　万用表

2. 电烙铁

电烙铁用于焊接电路，烙铁座用于放置电烙铁，防止烫伤。有条件的也可以配恒温焊台。吸锡筒用于拆焊，如图7-2所示。

图7-2　电烙铁、烙铁座、恒温焊台、吸锡筒

3. 辅助工具

为了方便焊接操作，常采用剥线钳、偏口钳、螺钉旋具、镊子、小刀等辅助工具。剥线钳用于剥削导线，偏口钳用于修剪元器件的引脚，镊子用来夹元器件和导线，螺钉旋具用于拧螺钉、装配电路及外壳，如图 7-3 所示。

图 7-3 剥线钳、偏口钳、镊子、螺钉旋具

4. 焊接耗材

焊锡丝、万能板和电子元器件包等用于焊接元器件，松香是助焊剂，如图 7-4 所示。

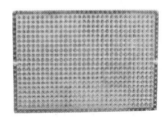

图 7-4 焊锡丝、松香、万能板、电子元器件包

5. 其他

电池、电池座、连接导线等用于测试电路。

任务二 常见电子元器件的识别与检测

在各种类型的电焊机中，常用的电子元器件主要包括电容器、二极管、晶体管、单结晶体管、晶闸管、小型变压器等。电阻器和发光二极管等详见模块二。

一、电容器

电容器是用来储存电荷的装置，是一种储能元件。任意两块导体中间用绝

缘介质隔开就构成电容器。在电力系统中，电容器可用来提高功率因数；在电子技术中，电容器可用于滤波、耦合、隔直、旁路、选频等。

（1）分类 电容器有多种类型，以满足不同电路的需要。按两块导体极板的形状不同可分为平行板、球形、柱形电容器；按结构不同可分为固定、可变、半可变电容器；按介质不同可分为空气、纸质、云母、陶瓷、涤纶、玻璃釉、电解电容器等。

（2）外形、符号 常见电容器外形如图 7-5 所示。

在电路中，常用图 7-6 所示的符号来表示各种不同的电容器。

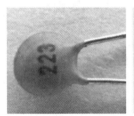
a) 瓷片电容器

b) 涤纶电容器

c) 独石电容器

d) 电解电容器

e) 双联可变电容器

f) 空气可变电容器

g) 贴片电容器

h) 高压并联电力电容器

图 7-5 常见电容器外形

常用电容器
外形

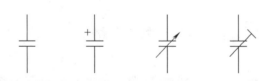
固定电容器 电解电容器 可调电容器 微调电容器

图 7-6 电容器的符号

（3）参数 当电容器与直流电源接通时，在电源电压的作用下，两块极板将带有等量的异号电荷。任一极板上所储存的电荷量 Q 与两极板间电压 U 的比值称为电容量，简称电容，用符号 C 表示。公式为

$$C = \frac{Q}{U} \tag{7-1}$$

式中　Q——电极上带的电荷，单位为库仑，符号为 C；

　　　U——两极板间的电压，单位为伏特，符号为 V；

　　　C——电容，单位为法拉，符号为 F。

电容的基本单位为法拉，简称法（F），常用微法（μF）、纳法（nF）、皮法（pF）等作单位。它们之间的换算单位是：$1F = 10^6 μF$，$1μF = 1000nF$，$1nF = 1000pF$，$1μF = 10^6 pF$。

（4）参数表示方法　电容器的主要参数有标称容量、耐压值和允许偏差。电容器的参数表示方法有直标法、字母数字混合标法、数字表示法、色标法等多种。

1）直标法。直标法是在电容器上直接标注出标称容量、耐压等，如 10μF/16V，2200μF/50V。

2）字母数字混合标法。电容器字母数字混合标法见表 7-1。

表 7-1　电容器字母数字混合标法

表 示 方 法	标称电容量	表 示 方 法	标称电容量
P1 或 P10	0.1pF	10n	10nF
1P0	1pF	3n3	3300pF
1P2	1.2pF	μ33 或 R33	0.33μF
1m	1mF	5μ9	5.9μF

注：特别的，凡是零点几微法的电容器，可在数字前加上 R 来表示。

3）数字表示法

❖ 不带小数点又无单位的为 pF（三位数字的除外），如"12"为 12pF，"5100"为 5100pF。

❖ 带小数点但无单位的为 μF，如"0.047"（或 047）为 0.047μF，"0.01"为 0.01μF。

❖ 三位数字的表示法。三位数字的前两位数字为标称容量的有效数字，第三位数字表示有效数字后面零的个数（或×10^n），它们的单位是 pF。

如：102 表示标称容量为 $10×10^2 pF = 1000pF$，221 表示标称容量为 220pF，224 表示标称容量为 $22×10^4 pF$。

在这种表示法中有一个特殊情况，就是当第三位数字用"9"表示时，是用有效数字乘上 10^{-1} 来表示容量大小。例如，229 表示标称容量为 $22×10^{-1} pF = 2.2pF$。

（5）特性　使电容器两极板带上等量异性电荷的过程称为电容器的充电，使电容器两极板所带正负电荷中和的过程称为电容器的放电。充电和放电时电容器两端的电压均按指数规律变化。电容器充放电电路如图 7-7 所示。S 扳到 1 时，电容器充电；S 扳到 2 时，电容器放电。

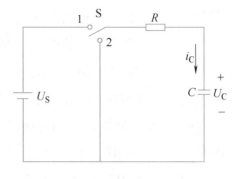

图 7-7　电容器充放电电路

电容器的特性：隔直流、通交流。

（6）检测　电容器的好坏可用万用表的电阻档来检测。检测时要根据电容器容量的大小选择适当的挡位。

 特别提示

❖ 对小于 1μF 的电容器要用×10k 档，1～47μF 间的电容器，可用 R×1k 档测量，大于 47μF 的电容器可用 R×100 档测量。

❖ 对于不能用电阻档进行估测的小容量电容器，可采用具有测量电容器功能的数字万用表来测量。

1）电解电容器极性判别。电解电容器具有正、负极性，在使用时应使正极接高电位，负极接低电位。实际中电解电容器常采用长短不同的引脚来表示引脚极性。长引脚为正极，短引脚为负极，即"长正短负"。此外，有时也常在电解电容器的外壳上用"−"符号标出负极性引脚位置，也有一些电解电容器在外壳上标出正引脚位置，标志是"+"。

2）质量检测。质量检测主要检测电解电容器的漏电阻大小及充电现象。检测步骤和方法说明如下。

❖ 检测电解电容器时，可将指针式万用表拨在 R×1k 档。将黑表笔接电容器的正极进行测量。

❖ 检测前先将电容器的两个引脚相碰一下，以便释放电容器内残留的电荷。

❖ 在刚接触的瞬间，万用表指针向右偏转一个角度（对于同一电阻档，容量越大，偏角越大），然后指针便缓慢地向左回转，最后指针停在某一位置。此时指针所指示的阻值便是该电解电容器的正向漏电阻。漏电阻越大越好，一般应接近无穷大处。若电解电容器的漏电阻只有几十千欧，说明该电容器漏电严重。若测量中指针偏转到右侧后不回摆，说明电容器已击穿。

❖ 将红、黑表笔对调重测，万用表指针将重复上述摆动现象。但此时所测阻值为电解电容器的反向漏电阻，此值略小于正向漏电阻。即反向漏电流比正向漏电流要大。

❖ 在测试中，若正向、反向均无充电现象，指针不动，则说明电容器的容量消失或内部短路。电容器检测如图 7-8 所示。

图 7-8　电容器检测

在实际应用中，选择电容器时要考虑耐压和容量，当遇到一个电容器耐压不够或容量不能满足要求时，可以把几个电容器串联或并联起来使用。电容器串联可以提高耐压，电容器并联可以增加容量。

二、二极管

（1）外形、符号　二极管是用硅或锗材料制造的半导体器件，它的内部是一个具有单向导电性的 PN 结。二极管按封装形式不同分为玻璃壳二极管、塑封二极管、金属壳二极管、大功率二极管和片状二极管，如图 7-9 所示。

图 7-9　常见二极管外形、符号

 特别提示

❖ 二极管符号中三角形指示的方向表明二极管导通时的电流方向。

（2）极性判别

1）观察法。有的二极管将电路符号印在上面标示出正负极，有的在负极一端印上一道色环，有的二极管两端形状不同，平头为正极，圆头为负极，如图 7-10 所示。

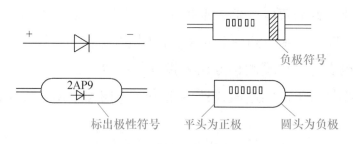

负极符号

标出极性符号　　　平头为正极　　　圆头为负极

图 7-10　二极管极性标注

2）万用表检测法。二极管的极性可以用指针式万用表测量找到，将万用表量程拨至 R×100 或 R×1k 档，图 7-11 所示为检测示意图，测量二极管的正反向电阻，测得电阻值较小的一次，黑表笔所接的为二极管正极，红表笔所接的为负极。若测得的正反向阻值中较小的是几百欧，较大的是几百千欧，说明二极管是好的。如果两次测得的电阻值均为零，说明二极管已击穿；如果两次电阻值均为无穷大，说明二极管已断路。

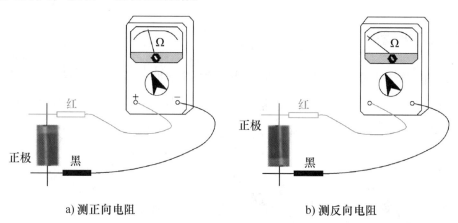

a) 测正向电阻　　　　　　　　　　b) 测反向电阻

图 7-11　检测二极管

（3）特性　二极管最重要的特性就是单向导电性，即二极管承受正向电压（正极加高电位，负极加低电位）时，二极管导通；二极管承受反向电压（正极加低电位，负极加高电位）时，二极管截止，电流只能从正极流向负极，而不能从负极流向正极。

三、晶体管

晶体管是具有放大能力的一种电子器件。按结构可分为 NPN 型管和 PNP 型管；按材料可分为硅管和锗管；按工作频率可分为高频 H 和低频 L。晶体管的主要作用有电流放大和开关控制等。

（1）外形　常见晶体管的外形如图 7-12 所示。

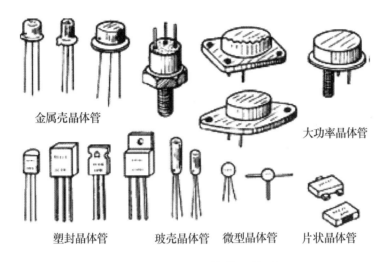

图 7-12　常见晶体管的外形

（2）结构、符号　晶体管的结构示意图及符号如图 7-13 所示。

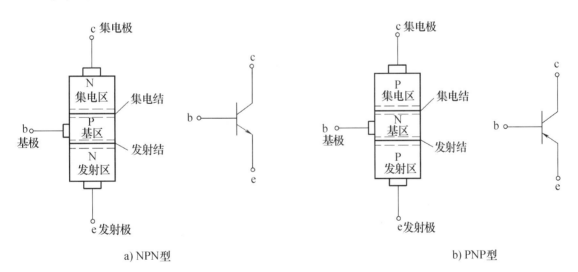

a) NPN型　　　　　　　　　　　　　　　b) PNP型

图 7-13　晶体管的结构示意图及符号

由图 7-13 可以看到：晶体管有三个区（基区、集电区和发射区）、三个极（基极、集电极和发射极）、两个 PN 结（发射结、集电结）。

半导体晶体管具有三种工作状态：放大、饱和、截止，在模拟电路中一般使用放大作用。饱和和截止状态一般会用在数字电路中。晶体管各区的工作条件如下：

放大区：发射结正偏，集电结反偏；

饱和区：发射结正偏，集电结正偏；

截止区：发射结反偏，集电结反偏。

（3）晶体管引脚判别

1）查阅手册，或是记住一些常用型号的晶体管的引脚排列顺序。

目前晶体管种类较多，封装形式不一，引脚也有多种排列方式，大多数金属封装小功率晶体管的引脚是呈等腰三角形排列，顶点是基极 b，左边为发射极 e，右边为集电极 c。塑料封装小功率晶体管如 s9014、s9013、s9015、s9012、s9018、s8050、8550、C2078，把显示文字平面朝自己，从左向右依次为 e（发射极）、b（基极）、c（集电极）。

图 7-14 为常见几种晶体管的引脚排列。

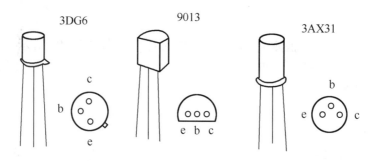

图 7-14　常见晶体管的引脚排列

晶体管引脚判别

2）用万用表判别。在不方便查阅手册时，可以用万用表测量各引脚间电阻来判别管型、区分引脚，见表 7-2。

表 7-2　晶体管的管型及引脚判别

项　目	图　示	说　明
测量前		万用表水平放置，小功率管选择 R×100 或 R×1k 档，大功率管选择 R×1 或 R×10 档，然后进行欧姆调零

（续）

项　目		图　示	说　明
找基极 b	NPN 型		黑定红动法 　黑表笔接触晶体管的任一引脚，红表笔分别接触另外两个引脚，可测得三组电阻值，其中两次电阻都很小的那一组，黑表笔所接的就是基极 b，且晶体管为 NPN 型
找基极 b	PNP 型		红定黑动法 　红表笔接触晶体管的任一引脚，黑表笔分别接触另外两个引脚，可测得三组电阻值，其中两次电阻都很小的那一组，红表笔所接的就是基极 b，且晶体管为 PNP 型
找集电极 c	NPN 型		将待测的 c、e 两脚分别与红、黑表笔相接，同时用手指触及基极 b 和黑表笔所接引脚，测量电阻值；然后交换红黑表笔，再用手指触及基极 b 和黑表笔所接引脚，测量电阻值，阻值小的一次黑表笔所接为集电极 c，红表笔对应的是发射极 e
	PNP 型		测试方法同上，但电阻值较小时，红表笔所接的引脚为集电极 c

四、单结晶体管

单结晶体管又称双基极二极管，是一种具有一个 PN 结和两个电阻接触电极的三端半导体器件。

（1）外形　常见单结晶体管有陶瓷封装和金属壳封装。单结晶体管的外形

如图 7-15 所示。

（2）结构、符号　单结晶体管的结构、符号和等效电路如图 7-16 所示。单结晶体管有三个引脚，分别是发射极 e、第一基极 b_1 和第二基极 b_2。

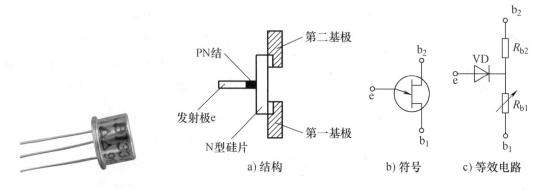

a) 结构　　　　　　b) 符号　　　c) 等效电路

图 7-15　单结晶体管的外形　　　　图 7-16　单结晶体管的结构、符号及等效电路

常见单结晶体管的引脚排列如图 7-17 所示。

（3）型号含义　单结晶体管的型号含义如下：

第四部分表示单结晶体管耗散功率，"5"表示功率为500mW

第三部分表示电极数目，"3"表示有三个电极

第二部分表示单结晶体管的种类，"T"表示特种管

第一部分表示单结晶体管的制作材料，"B"表示半导体

图 7-17　单结晶体管的引脚排列

（4）检测

1）判断单结晶体管发射极 e 的方法是：将万用表置于 R×1k 档或 R×100 档，假设单结晶体管的任一引脚为发射极 e，黑表笔接发射极，红表笔分别接触另外两引脚测其阻值。当出现两次低电阻时，黑表笔所接的就是单结晶体管的发射极。

2）单结晶体管 b_1 和 b_2 的判断方法是：将万用表置于 R×1k 档或 R×100 档，黑表笔接发射极，红表笔分别接另外两引脚测阻值，两次测量中，电阻大的一次，红表笔接的就是 b_1 极。

应当说明的是，上述判别 b_1、b_2 的方法，不一定对所有的单结晶体管都适用，有个别管子的 e、b_1 间的正向电阻值较小。即使 b_1、b_2 用颠倒了，也不会使管子损坏，只影响输出脉冲的幅度（单结晶体管多在脉冲发生器中使用）。当发现输出的脉冲幅度偏小时，只要将原来假定的 b_1、b_2 对调过来就可以了。

五、晶闸管

晶闸管（俗称可控硅）是半导体闸流管的简称，具有容量大、电压高、损耗小、控制灵活、易实现自动控制等优点，被广泛应用于可控整流、交流调压、无触点电子开关、逆变及变频等电子电工电路中。

（1）外形　常见晶闸管的外形如图7-18所示。

图7-18　晶闸管的外形

从晶闸管的外形上很容易区分出它的三个引脚：阳极（A）、阴极（K）和门极（G）。

（2）结构、符号　晶闸管的结构示意图及符号如图7-19所示，单向晶闸管有三个PN结，有阳极（A）、阴极（K）和门极（G）三个引脚。

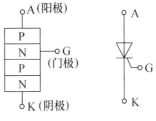

图7-19　晶闸管的结构示意图及符号

（3）型号含义

晶闸管的型号含义如下：

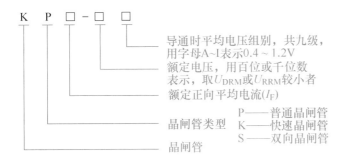

如KP5-7表示普通晶闸管，额定正向平均电流为5A，额定电压为700V。

（4）工作特性　晶闸管的工作特性实验电路如图7-20所示，实验过程记录于表7-3中。

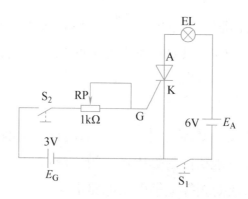

图 7-20　晶闸管的工作特性实验电路

表 7-3　单向晶闸管工作特性实验过程及结果分析

步　骤	操　作	现　象	说　明	结　论
1	闭合 S_1，断开 S_2	灯不亮	晶闸管加正向电压，门极未加正向触发电压时，晶闸管不导通	正向阻断
2	闭合 S_1，闭合 S_2	灯亮	晶闸管加正向电压，门极加正向触发电压，晶闸管导通	触发导通
3	再将 S_2 断开	灯亮	晶闸管一旦导通，门极便失去控制作用	导通
4	断开 S_1，将 E_A 正负极对调接入电路，仍闭合 S_2	灯不亮	阳极与阴极间外加反向电压，晶闸管截止	反向阻断

晶闸管导通必须具备两个条件：①晶闸管的阳极和阴极之间应加正向电压；②门极与阴极之间必须加正向电压。

（5）晶闸管引脚判别

1）观察法

❖ 螺栓形普通晶闸管的螺栓一端为阳极 A，较细的引线端为门极 G，较粗的引线端为阴极 K。

❖ 平板形普通晶闸管的引出线端为门极 G，平面端为阳极 A，另一端为阴极 K。

❖ 金属壳封装（TO-3）的普通晶闸管，其外壳为阳极 A。

❖ 塑封（TO-220）的普通晶闸管的中间引脚为阳极 A，且多与自带散热片相连。

2）用万用表判别

❖ 将万用表拨到 R×100A 或 R×1k 档。

❖ 将万用表黑表笔任接晶闸管某一引脚，红表笔依次去触碰另外两个引脚。若测量结果有一次阻值为几千欧姆（kΩ），而另一次阻值为几百欧姆（Ω），则可判定黑表笔接的是门极 G。在阻值为几百欧姆的测量中，红表笔接的是阴极 K；而在阻值为几千欧姆的测量中，红表笔接的是阳极 A；若两次测出的阻值均很大，则说明黑表笔接的不是门极 G，应用同样方法改测其他引脚，直到找出三个引脚为止。

❖ 也可以测任两脚之间的正、反向电阻，若正、反向电阻均接近无穷大，则此两引脚即为阳极 A 和阴极 K，而另一引脚即为门极 G。

（6）判别质量好坏

❖ 用万用表 R×1k 档测量晶闸管阳极 A 与阴极 K 之间的正、反向电阻都很大（指针基本不动），说明正常，若阻值仅为几千欧或为零，则说明晶闸管性能不好或内部已短路。

❖ 若用 R×1 或 R×10 档测量门极 G 和阴极 K 之间的阻值，一般地，若阻值为几十欧，说明晶闸管基本良好；如果阻值为零或无穷大，说明晶闸管已损坏。

任 务 三 电烙铁手工焊接训练

一、元器件成形

在没有专用成形工具或加工少量元器件时，可使用尖嘴钳或镊子等一般工具进行手工成形。元器件的预成形和元器件的插装要求如下。

1. 元器件引脚预成形的要求

1）为了防止引脚在预成形时从元器件根部折断或把元器件引脚从元器件内拉出，要求从元器件弯折处到元器件引脚连接根部的距离应大于 1.5mm，如图 7-21 所示。

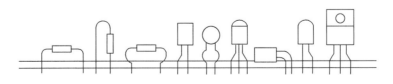

图 7-21 元器件引脚的预成形

2）引脚弯折处不能弯成直角，而要弯成圆弧状。水平安装时，元器件引脚弯曲半径 r 应大于引脚直径；立式安装时，引脚弯曲半径 r 应大于元器件体的外半径，如图 7-22 所示。

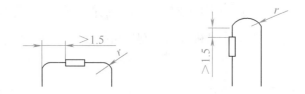

图 7-22　元器件引脚弯折处

3）对于水平安装的元器件，元器件两端引脚弯折要对称，两引脚要平行，引脚间的距离要与印制电路板上两焊盘孔之间的距离相等，以便于元器件的安装插入。

4）对于电路板上两焊盘孔太近或对于一些怕在焊接时温度过高而受到损坏的元器件，可以将元器件的引脚弯成一个圆弧形，这样可以增加引脚长度，也可减小焊接时温度对元器件的影响。

5）弯折元器件引脚时要注意一点：在弯折元器件引脚成形后，应保证元器件的标志符号、元器件上的标称数值处在便于以后查看的方位上。

2. 元器件引脚预成形的方法

元器件引脚的预成形方法有两种：一种是手工预成形；另一种是专用模具或专用设备预成形。

手工预成形所用工具就是镊子和带圆弧的长嘴钳，用镊子和长嘴钳夹住元器件根部，弯折元器件引脚，形成一圆弧即可。

对于大批量的元器件成形，一般采用专用模具或专用设备进行元器件成形。在模具上有供元器件插入的模具孔，再用成形插杆插入成形孔，使元器件引脚成形。

二、元器件的插装

电子元器件的插装有卧式、立式、倒装式、横装式及嵌入式等方法。晶体管、电容器、晶体振荡器和单列直插集成电路多采用立式插装方式，而电阻器、二极管、双列直插及扁平封装集成电路多采用卧式插装方式。元器件插装时应注意以下几点：

1）元器件的插装应遵循先小后大、先轻后重、先低后高、先里后外、先一般元器件后特殊元器件的基本原则。

2）电容器、晶体管等立式插装组件，应保留适当长的引线。一般要求距离电路板面 2mm，插装过程中应注意元器件的引脚极性。

3）安装水平插装的元器件时，标记号应向上、方向一致，便于观察。功率小于 1W 的元器件可贴近印制电路板平面插装，功率较大的元器件应距离印制电路板 2mm，以利于元器件散热。

4）插装的元器件不能有严重歪斜，以防止元器件之间因接触而引起的各种短路和高压放电。

5）插装玻璃壳体的二极管时，不宜紧靠根部弯折，以免受力破裂损坏。

6）插装元器件要戴手套，尤其对易氧化、易生锈的金属元器件，以防汗渍对元器件的腐蚀。

三、手工焊接技术

1. 焊点质量要求

手工焊接对焊点的要求是：元器件接触良好、机械结合牢固、外观光滑圆润，典型焊点的外观如图 7-23 所示。

2. 手工焊接工艺

手工焊接有五步焊接法和三步焊接法，通常采用五步焊接法。五步焊接法的工艺流程是：准备焊接→加热焊接部位→送入焊锡丝→移开焊锡丝→移开烙铁。具体方法见表 7-4。

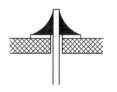

图 7-23　典型焊点的外观

表 7-4　手工焊接的五步焊接法

步　骤	图　示	方法说明
准备焊接	焊锡　烙铁	烙铁头保持干净并沾上焊锡，一手握好烙铁，一手拿好焊锡丝，同时移向焊接点

（续）

步　骤	图　示	方法说明
加热焊接部位		将烙铁接触被焊接元器件，使引线和焊盘都均匀受热。一般让烙铁头的扁平部分（较大部分）接触热容量较大的焊件，烙铁头的侧面或边缘部分接触热容量较小的焊件，以保持焊件均匀受热
送入焊锡丝		当焊件加热到能熔化焊料的温度后，把焊锡丝置于焊点，焊料开始熔化并润湿焊点，送锡量要合适，一般以能全面润湿整个焊点为佳
移开焊锡丝		当焊锡丝熔化到一定量后，迅速移去焊锡丝
移开烙铁		当焊锡完全润湿焊点后移开烙铁，一般以与轴向成45°的方向移开电烙铁

 职业安全提示

电烙铁使用安全

❖ 使用前应认真检查电源插头、电源线有无损坏，并检查烙铁头是否松动。

❖ 烙铁使用前要上锡，具体方法是：将电烙铁烧热，待刚刚能熔化焊锡时，涂上焊剂，再用焊锡均匀地涂在烙铁头上，使烙铁头均匀地搪上一层锡。

❖ 焊接前把焊盘和元器件的引脚用细砂纸打磨干净，涂上焊剂。

❖ 电烙铁使用中，不能用力敲击。要防止跌落。烙铁头上焊锡过多时，可在焊接海绵上擦掉。不可乱甩，以防烫伤他人。

❖ 焊接过程中，烙铁不能到处乱放。不焊时应放在烙铁架上。注意电源线不可搭在烙铁头上，以防烫坏绝缘层而发生事故。

❖ 使用结束后应及时切断电源，拔下电源插头。冷却后，再将电烙铁收回工具箱。

❖ 焊接完成后，要用酒精把电路板上残余的助焊剂清洗干净，以防炭化后的焊剂影响电路正常工作。

四、焊接训练

在一块万能板上用若干电阻器、电容器进行焊接练习，先将元器件引脚预成形，然后焊接，直到熟练掌握焊接技术。

五、焊接缺陷及成因

在焊接训练中，观察自己或小组成员的焊接成品，互相检查焊点，观察是否合格。造成焊接质量不高的常见原因见表 7-5。分析焊点缺陷成因，反复进行焊接训练。

表 7-5　常见的焊接缺陷及成因分析

缺陷焊点	焊点外形	缺陷描述	形成原因
焊锡用量过多		焊料过多	焊锡撤离过迟
焊料过少		焊锡未完全熔化、浸润，焊锡表面不光亮，有细小裂纹	1）焊接时烙铁温度过低 2）加热时间不足

（续）

缺陷焊点	焊点外形	缺陷描述	形成原因
拉尖	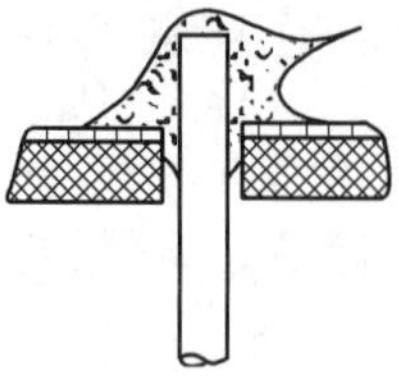	出现尖端	1）加热温度低 2）焊剂过少 3）烙铁离开焊点时角度不当
冷焊	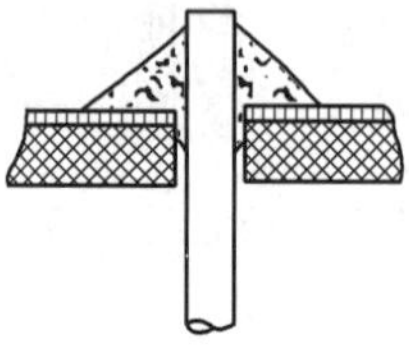	表面呈豆腐渣状颗粒，有时有裂纹	1）焊接时烙铁温度过低 2）加热时间不足，焊锡未完全熔化、浸润
过热	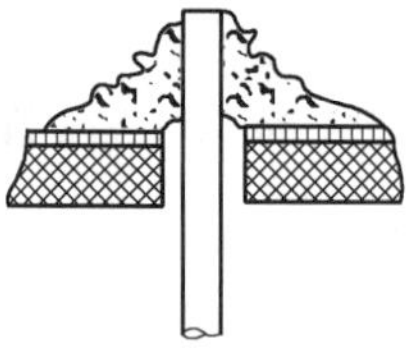	焊点发白，无金属光泽，表面较粗糙	1）烙铁功率过大 2）加热时间过长
虚焊	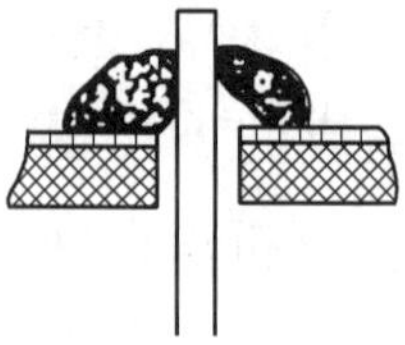	焊料与焊件接触不实，不平滑	1）焊件清理不干净、未镀好锡 2）印制电路板未清洁好 3）焊剂质量不好
不对称		焊锡未流满焊盘	1）焊料流动性差 2）焊剂不足或质量差 3）焊件未充分加热
松香焊	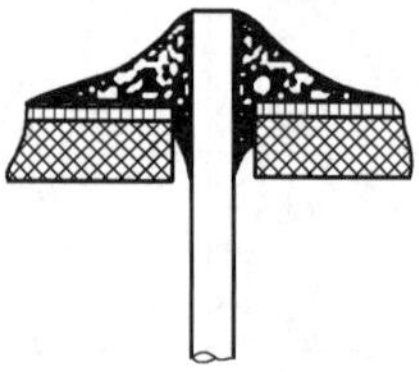	焊锡与元器件或印制电路板之间夹杂着一层松香，造成连接不良	1）焊剂过多或失效 2）焊接时间不足或加热不足 3）表面氧化膜未去除
桥焊	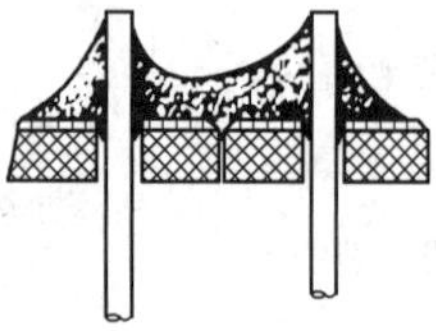	相邻导线搭接	1）烙铁撤离角度不当 2）焊锡过多

116

（续）

缺陷焊点	焊点外形	缺陷描述	形成原因
松动		元器件引脚可移动	1）焊锡未凝固前引脚移动或造成空隙 2）引脚浸润差或不浸润

项目八　直流散热风扇电路安装

任务一　识读电路图
任务二　认识整流电路和滤波电路
任务三　电路安装

职业岗位应知应会目标···

知识目标：

➤ 熟知直流散热风扇电路组成，掌握其原理

➤ 熟知安装元器件布局图和装配图

➤ 了解整流电路的工作原理

➤ 了解滤波电路的工作原理

技能目标：

➤ 能检测电子元器件的好坏

➤ 熟练安装调试直流散热风扇电路

素养目标：

➤ 严谨认真、规范操作

➤ 团结协作、归纳总结

➤ 热爱劳动、精益求精、工匠精神

任务一　识读电路图

直流散热风扇电路在电焊机中是必不可少的部分。

一、识读电路图

（1）电路图　直流散热风扇电路图如图 8-1 所示。

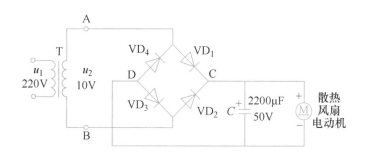

图 8-1　直流散热风扇电路图

电路工作原理如下：

220V 交流电经变压器 T 降压后，通过二极管桥式整流（整流即将交流电变为脉动直流电），再经电容器滤波（滤波即将脉动直流电变为较平滑的直流电），得到直流电使散热风扇工作。

（2）元器件接线图（图 8-2）

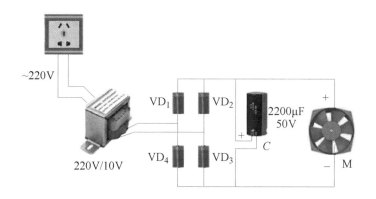

图 8-2　直流散热风扇元器件接线图

（3）装配图（图8-3）

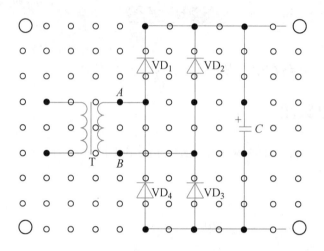

图8-3 直流散热风扇元器件装配图

二、工具材料准备

直流散热风扇电路所需的元器件清单见表8-1。

表8-1 直流散热风扇电路元器件清单

序 号	名　称	型 号 规 格	单价	数 量	金 额
1	电源变压器	220V/10V/5W		1只	
2	二极管	1N4007		4只	
3	电容器	2200μF/50V		1只	
4	散热风扇电动机	12038 12V		1台	
5	熔断器	250V 4A		1只	
6	万能电路板	—		1块	
7	接线座	两芯		1只	
合计					元

$ 请同学们到市场询价或到网上查询，填好表8-1中的单价及金额，核算出完成该项目的成本。

任务二 认识整流电路和滤波电路

一、单相整流电路

将交流电转换为直流电的过程称为整流。将交流电转换为直流电的电路称为整流电路。整流电路主要有半波整流电路、全波整流电路和桥式整流电路三种。

单相整流电路的电路图及输出波形见表 8-2。

表 8-2 几种常见单相整流电路

类型	单相半波整流电路	单相全波整流电路	单相桥式整流电路
电路图			
输入输出电压波形			
直流输出电压	$0.45U_2$	$0.9U_2$	$0.9U_2$
二极管承受的最大反向电压	$\sqrt{2}U_2$	$2\sqrt{2}U_2$	$\sqrt{2}U_2$

（续）

类型	单相半波整流电路	单相全波整流电路	单相桥式整流电路
优点	电路简单	输出电压脉动性小	输出电压脉动性小，二极管反向耐压要求较低
缺点	输出电压脉动性大，输出电压低，电源利用率低	二极管反向耐压要求高，要求变压器有中心抽头	需要4个二极管

（1）半波整流　输入电压 u_1 为正弦交流电。在正弦交流电的正半周期，二极管导通，电流能够通过，负载电阻 R_L 上的电压 u_o 为正弦波；在负半周期，二极管截止，R_L 上无电压。这样在一个周期中只有半个周期有输出的电路称为半波整流电路。

（2）全波整流　若采用两个二极管，使其在正弦交流电的正负半周均有一个导通，这样的电路称为全波整流电路。在万用表的交流电压测量电路中就用到了全波整流电路。

（3）桥式整流　单相桥式整流电路中，T 是变压器，VD 是整流二极管，R_L 是负载电阻。图 8-4 所示为常见的桥式整流电路的画法。

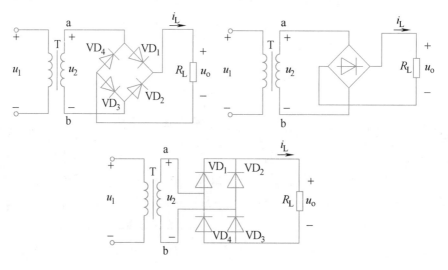

图 8-4　桥式整流电路的画法

二、滤波电路

由于交流电经整流后得到的是脉动直流电，在一些要求电流和电压比较平稳的场合还不能直接使用，需要把脉动直流电中的交流成分滤掉，这就是滤波。

常见的滤波电路有电容滤波、电感滤波、∏形滤波等。几种常见滤波电路如图 8-5 所示。

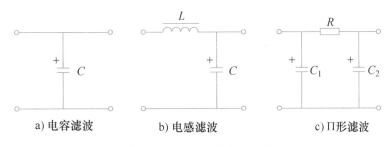

a) 电容滤波   b) 电感滤波   c)∏形滤波

图 8-5 几种常见滤波电路

三、整流滤波电路

单相桥式整流电容滤波电路如图 8-6a 所示。该电路结构简单，输出电压 u_o 较高，脉动较小，适用于负载电压较高，负载变动不大的场合。在自制的简易电焊机中常采用此电路。

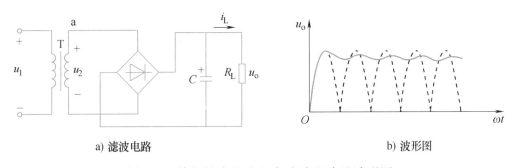

a) 滤波电路   b) 波形图

图 8-6 单相桥式整流电容滤波电路及波形图

任 务 三 电 路 安 装

一、检测元器件

根据表 8-1，配齐元器件，并用万用表检查元器件的质量好坏。

二、电路安装

电路安装步骤如下：

1）清除元器件的氧化层，并搪锡，对已进行预处理的新元器件不需要搪锡。

2）剥去电源连线及负载连接线端的绝缘层，清除氧化层，均加以搪锡处理。

3）按照元器件布置图和装配图，将元器件逐一插接在印制电路板上。

4）安装二极管、电解电容器并注意极性。

5）元器件安装完毕，经检查无误后，进行焊接固定。

 职业安全提示

安装电路注意事项

1. 二极管和电阻采用卧式安装。

2. 焊接元器件时，可利用镊子捏住元器件引脚，这样既方便焊接又有利于散热。

3. 万能板上焊盘氧化后，要处理好再焊接。

4. 不可出现虚焊、假焊、错焊、漏焊现象，一经发现及时纠正。

5. 若二极管极性装反会造成电源短路，滤波电容极性装反会爆炸。切记：保证安全。

三、电路调试

电路调试流程如图8-7所示。

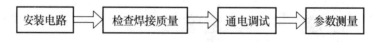

图8-7 电路调试流程

电路调试步骤如下：

1）将变压器的二次侧引入万能电路板上并焊接，变压器一次侧的~220V引脚端通过密封型熔丝座和电源插头线连接。

2）检查各元器件有无虚焊、错焊、漏焊及各引脚是否正确，有无疏漏和短路。

3）接通电源，观察有无异常情况，将开关 S_1 置于接通状态，用万用表测量输出、输入电压并进行记录。

4）观察散热风扇工作情况。

5）电路调试要在教师的指导下进行，先自检、互检，教师检查后再通电，确保安全。

四、清理现场

实训结束后清理现场，收好工具、仪表，整理实训台。

五、项目评价

将本项目的评价与收获填入表 8-3 中。

表 8-3　项目的过程评价表

评价内容	任务完成情况	规范操作	参与程度	6S 执行情况
自评分				
互评分				
教师评价				
收获与体会				

项目九　调光台灯电路安装与调试

任务一　识读电路图
任务二　电路安装与调试

职业岗位应知应会目标···

知识目标：
➤ 了解晶闸管和单结晶体管的外形和符号
➤ 能分析调光台灯电路
➤ 了解晶闸管触发电路的工作原理

技能目标：
➤ 能检测晶闸管和单结晶体管
➤ 能安装调试调光台灯电路

素养目标：
➤ 严谨认真、职业规范
➤ 团队合作、沟通交流
➤ 协作意识、创新精神、劳动精神

任务一 识读电路图

一、识读电路图

（1）电路图 调光台灯电路图如图 9-1 所示。

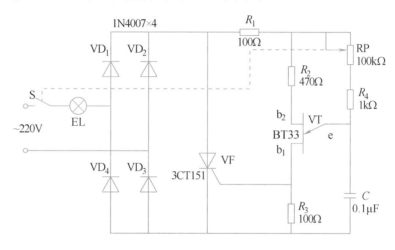

图 9-1 调光台灯电路图

电路工作原理如下：

图中，VT、R_2、R_3、R_4、RP、C 组成单结晶体管张弛振荡器。充电前，电容 C 上电压为零。通电后，C 经 R_4、RP 充电而 U_e 逐渐升高。U_e 达到峰点电压时，VT 导通，C 上的电压经 e-b_1，而向 R_3 放电，输出脉冲电压。此后 C 重新充电，重复上述过程。

当 C 上的电压降到谷点电压时，BT33 恢复阻断状态。交流电压的每半个周期，BT33 都将输出一组脉冲，使晶闸管导通，灯泡发光。

改变 RP 的阻值，可改变 C 充电的快慢，从而改变触发脉冲的相位，控制晶闸管的导通角，即改变了晶闸管整流电路的直流平均输出电压，达到调节灯泡亮度的目的。

调光台灯电路框图如图 9-2 所示。

（2）元器件接线图 调光台灯电路元器件接线示意图如图 9-3 所示。

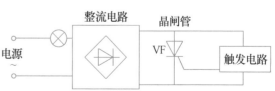

图 9-2 调光台灯电路框图

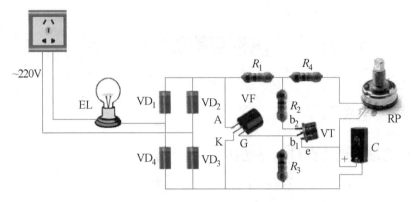

图 9-3 调光台灯电路元器件接线示意图

（3）装配图 电路装配时应先在图 9-4a 上画出装配图，然后在万能板上安装电路。有条件的也可以采用印制电路板安装电路，印制电路板如图 9-4b所示。

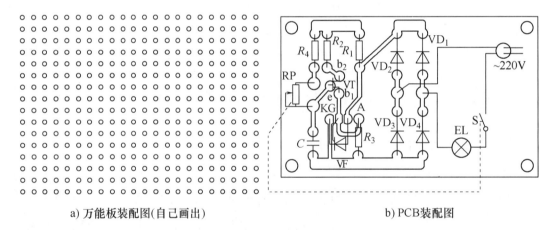

a) 万能板装配图(自己画出)   b) PCB装配图

图 9-4 调光台灯电路装配图

二、工具材料准备

调光台灯电路所需的元器件清单见表 9-1。

表 9-1 调光台灯电路元器件清单

序　号	名　　称	型号规格	单　价	数　量	金　额
1	整流二极管（$VD_1 \sim VD_4$）	1N4007		4 只	
2	晶闸管（VF）	3CT151		1 只	
3	单结晶体管（VT）	BT33		1 只	
4	电阻器（R_1、R_3）	100Ω		2 只	

（续）

序 号	名 称	型号规格	单 价	数 量	金 额
5	电阻器（R_2）	470Ω		1 只	
6	电阻器（R_4）	1kΩ		1 只	
7	带开关电位器 RP	100kΩ		1 只	
8	电容器	0.1μF		1 只	
9	LED 灯	220V，9W		1 只	
10	PCB	或万能板		1 块	
合计					元

💰 请同学们到市场询价或到网上查询，填好表 9-1 中的单价及金额，核算出完成该项目的成本。

任 务 二　电路安装与调试

一、检测元器件

1）对照图样检查所用元器件是否齐备，检测元器件质量是否合格，及时更换存在质量的元器件。

2）根据要求将各元器件引脚预成形。

二、电路安装

按照元器件布置图和装配图，将元器件逐一安装焊接在印制电路板上，焊接时应注意以下几点：

1）电阻器采用水平安装，电阻器的色环方向保持一致。

2）晶闸管及单结晶体管采用直立式安装，底面距离印制电路板（5±1）mm。

3）涤纶电容器尽量插到底，元器件底面距离印制电路板最高不能大于4mm。

4）有极性的元器件如二极管、晶闸管、单结晶体管等，在安装时要注意极性，切勿装错。

5）装配美观、均匀、端正、整齐，不能歪斜，应高矮有序。

6）焊接完毕，检查无误后，用断线钳剪去多余引脚。

三、电路调试

1) 对照电路原理图检查各元器件安装是否正确，检查元器件的连接极性及电路连线。然后接上灯泡进行调试。

2) 接通电源，调节电位器 RP，观察灯泡亮度的变化，用万用表交流电压挡测量灯泡两端的电压。完成的电路如图 9-5 所示。

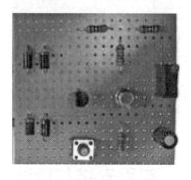

图 9-5 调光台灯电路

 职业安全提示

安装电路注意事项

❖ 当出现灯泡不亮、不可调光故障时，可能是由于 BT33 组成的单结晶体管张弛振荡器停振，可检测 BT33 是否损坏，电容器是否损坏或漏电。

❖ 电位器中心抽头不可接错位置，否则会出现电位器顺时针旋转时，灯泡逐渐变暗。

❖ 调节电位器 RP 至最小位置时，若灯泡突然熄灭，可检测 R_4 的阻值。若 R_4 的实际阻值太小或短路，则应更换 R_4。

❖ 整个安装、焊接、调试过程中要注意安全，防止触电。

四、清理现场

实训结束后清理现场，收好工具、仪表，整理实训台。

五、项目评价

将本项目的评价与收获填入表 9-2 中。

表 9-2 项目的过程评价表

评价内容	任务完成情况	规范操作	参与程度	6S 执行情况
自评分				
互评分				
教师评价				
收获与体会				

职业技能指导 3 恒温焊台的使用

1. 恒温焊台外形

图 9-6 所示为某品牌防静电无铅恒温焊台，该焊台发热体使用低压交流电源供电，保证了防静电、无漏电、无干扰，可快速升温并具有独特的温度锁定装置，防止操作人员乱调温度。

a) 外形

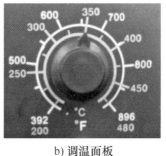
b) 调温面板

恒温焊台的
使用

图 9-6 某品牌防静电无铅恒温焊台

2. 操作方法

1) 温度控制旋钮转至 200℃ 位置，连接好烙铁和控制台，接上电源。

2) 打开开关，电源指示灯 LED 即发亮。

3) 温度控制旋钮调至适用温度位置，一般焊接时温度调至 350℃ 左右。

 职业标准链接

恒温焊台使用规范

❖ 调温时应注意温度要适宜。温度太低会减缓焊锡的流动，温度过高会造成虚焊或烧伤电路板。一般使用温度不应该超过 380℃。如果有特殊需要，

允许在短时间内使用较高的温度。

❖ 温度调好后要进行温度锁定，即用螺钉旋具顺时针拧紧在温度旋钮下的锁定螺钉，直至温度设定旋钮不动。温度重新设定时，用螺钉旋具逆时针松动锁定螺钉。

❖ 焊台使用三线接地插头，必须插入三孔接地插座内。不要更改插头或使用未接地三头适配器而使接地不良。

❖ 使用场所应有良好的通风设施。

 阅读材料

可控整流电路

1. 电路组成

单相半控桥式整流电路如图 9-7 所示，其中，VF_1、VF_2 为晶闸管，VD_1、VD_2 为二极管；R_L 为负载电阻。

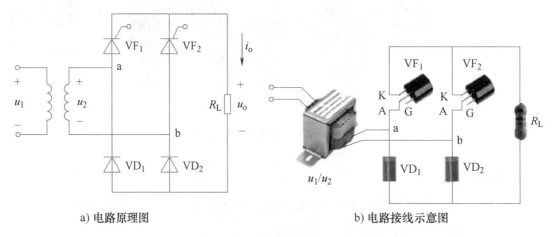

a) 电路原理图　　　　　　　b) 电路接线示意图

图 9-7　单相半控桥式整流电路

2. 原理分析

u_2 的正半周：VF_1 和 VD_2 承受正向电压。这时如对晶闸管 VF_1 引入触发信号，则 VF_1 和 VD_2 导通，电流通路为 a→VF_1→R_L→VD_2→b。这时 VF_2 和 VD_1 都因承受反向电压而截止。

u_2 的负半周：VF_2 和 VD_1 承受正向电压。这时如对晶闸管 VF_2 引入触发信号，则 VF_2 和 VD_1 导通，电流通路为 b→VF_2→R_L→VD_1→a。这时 VF_1 和 VD_2 截止。

3. 输出电压、电流大小与波形

输出电压的平均值为

$$U_o = 0.9 U_2 \frac{1+\cos\alpha}{2}$$

输出电流的平均值为

$$I_o = \frac{U_o}{R_L} = 0.9 \frac{U_2}{R_L} \frac{1+\cos\alpha}{2}$$

晶闸管和二极管承受的最高正向和反向电压为

$$U_{FM} = U_{RM} = U_{DRM} = \sqrt{2} U_2$$

输出波形如图 9-8 所示。

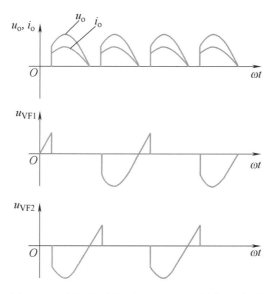

图 9-8 可控整流电路电压、电流输出波形

 知识问答

问题：变频器中用到逆变吗？

答：逆变和整流是相对的，整流是将交流电变成直流电的过程，而逆变是将直流电变成交流电的过程。例如，电梯等重要设备的后备电源，大多采用蓄电池组储存电能，当电网停电时，蓄电池组通过逆变电路向负载提供交流

电源。

变频器是将输入的交流电转换为所需频率的交流电输出，按原理分为"交-直-交"和"交-交"两种，其中"交-直-交"形式比较常见。"交-直-交"就是先将交流电转换为直流电，再将直流电转换为不同频率的交流电输出，也就是整流+逆变。

 应知应会要点归纳

1. 电容器是用来储存电荷的装置，是一种储能元件。

2. 在电力系统中电容器可用来提高功率因数，在电子技术中可用于滤波、耦合、隔直、旁路、选频等。

3. 电容器按结构不同可分为固定电容器、可变电容器、半可变电容器。

4. 任一极板上所储存的电荷量 Q 与两极板间电压 U 的比值称为电容量，简称电容，用符号 C 表示。公式为 $C = \dfrac{Q}{U}$。

5. 电容的基本单位是法拉，简称法（F），常用微法（μF）、纳法（nF）、皮法（pF）等作单位。它们之间的换算关系是：$1F = 10^6 μF$，$1μF = 1000nF$，$1nF = 1000pF$，$1μF = 10^6 pF$。

6. 电容器的主要参数有标称容量、耐压值和允许偏差。

7. 使电容器两极板带上等量异性电荷的过程称为电容器的充电，使电容器两极板所带正负电荷中和的过程称为电容器的放电。

8. 电容器的特性：隔直流、通交流。

9. 晶体二极管是用硅或锗材料制造的半导体器件，它的内部是一个具有单向导电性的 PN 结。

10. 二极管最重要的特性就是单向导电性。

11. 晶体管的主要作用是电流放大和开关控制。

12. 晶体管有三个区（基区、集电区和发射区）、三个极（基极、集电极和发射极）、两个 PN 结（发射结、集电结）。

13. 晶体管具有三种工作状态：放大、饱和、截止。

14. 单结晶体管有三个引脚，分别是发射极 e、第一基极 b_1 和第二基极 b_2。

15. 晶闸管（俗称可控硅）是半导体闸流管的简称，广泛应用于可控整流、交流调压、无触点电子开关、变频及逆变等电子电路中。

16. 单向晶闸管有阳极（A）、阴极（K）和门极（G）三个引脚。

17. 电子元器件的插装有卧式、立式、倒装式、横装式及嵌入式等方法。

18. 五步焊接法的工艺流程是：准备→加热焊接部位→送入焊锡丝→移开焊锡丝→移开烙铁。

19. 将交流电转换为直流电的过程称为整流。将交流电转换为直流电的电路称为整流电路。整流电路主要有半波整流电路、全波整流电路和桥式整流电路三种。

20. 恒温焊台焊接电子电路时，温度一般不超过 380℃。

应知应会自测题

一、填空题

1. 将_____变成_____的过程称为整流。

2. 电容器的特性是隔_____通_____。

3. 常用的单相整流电路有_____、_____、_____等几种。

4. 所谓滤波，就是保留脉动直流电中的_____成分，尽可能滤除其中的_____成分，把脉动直流电变成_____直流电的过程。

5. 常用的滤波电路有_____、_____、_____等几种，滤波电路一般接在_____电路的后面。

6. 二极管最重要的特性是_____。

二、判断题（正确的打"√"，错误的打"×"）

1. 凡是具有单向导电性的元器件都可作整流元器件。（   ）

2. 选择电容器时，只要容量合适就行。（   ）

3. 单相半波整流电路中，只要把变压器二次绕组的端钮对调，就能使输出直流电压的极性改变。（   ）

4. 单相桥式整流电路在输入交流电的每个半周内都有两只二极管导通。（   ）

5. 单相整流电容滤波中，电容器的极性不能接反。（　　　）

6. 晶闸管的导通条件是晶闸管加正向电压，同时门极加反向电压。（　　　）

7. 晶体管具有放大、饱和、截止三种状态。（　　　）

8. 单结晶体管具有一个发射极、一个基极、一个集电极。（　　　）

9. 晶闸管由导通变为截止的条件是阳极与阴极间加反电压。（　　　）

10. 晶闸管加正向阳极电压，门极不加触发电压，晶闸管不导通称为晶闸管正向阻断。（　　　）

11. 元器件的插装应遵循先小后大，先轻后重，先高后低，先里后外，先一般元件后特殊元件的原则。（　　　）

12. 电子元器件焊接时，一般采用五步焊接法。（　　　）

13. 晶闸管导通后，即使触发电压消失，由于自身的正反馈作用，晶闸管仍保持导通。（　　　）

14. 晶闸管的三个引脚是阳极、阴极、门极。（　　　）

15. 可控整流电路中，晶闸管触发延迟角越小，输出电压则越高。（　　　）

三、单项选择题

1. 单向晶闸管有三个引脚，分别是（　　　）。

A. 阳极、阴极和基极　　　　　　　　B. 阳极、阴极和漏极

C. 阳极、源极和门极　　　　　　　　D. 阳极、阴极和门极

2. 晶闸管的正向阻断是（　　　）。

A. 晶闸管加正向阳极电压，门极加正向电压

B. 晶闸管加正向阳极电压，门极不加正向电压

C. 晶闸管加反向阳极电压，门极加正向电压

D. 晶闸管加反向阳极电压，门极加反向电压

3. 晶闸管的导通条件是（　　　）。

A. 阳极与阴极加正向电压，门极与阳极加反向电压

B. 阳极与阴极加正向电压，门极与阴极加正向电压

C. 阳极与阴极加反向电压，门极与阳极加反向电压

D. 阳极与阴极加反向电压，门极与阴极加正向电压

4. 晶闸管由（　　　）PN 结组成。

A. 1个   B. 2个

C. 3个   D. 4个

5. 晶闸管的触发延迟角为60°，其导通角为（   ）。

A. 60°   B. 90°

C. 120°   D. 150°

6. 可控整流输出电压的（   ）是可调的。

A. 大小   B. 极性

C. 方向   D. 有效值

四、资料搜索

查阅资料，说明 2CP21、2CZ56C、2CK4 各用什么材料制成，是什么类型的二极管。

 看图学知识

某家用电器的铭牌

V是电压单位

Hz是频率单位

W是功率单位

kPa 是压力单位

    我国供电系统中，交流电的频率是 50Hz，习惯上称为"工频"。世界上大多数国家的交流电频率采用 50Hz，也有一些国家如加拿大、美国、日本等采用 60Hz。

 工匠成长案例3

曹遂军——培养"钢铁裁缝"的金牌教练

曹遂军（图9-9），1974 年生，中石油集团公司焊接技能专家，分别获中国

施工企业管理协会建国 70 周年功勋工匠、中原大工匠、河南省劳动模范、河南省五一劳动奖章、国家级技能大师工作室领衔人、金牌教练、全国技术能手等称号，享受国务院政府特殊津贴。

图 9-9　曹遂军

宝剑锋从磨砺出

曹遂军出生在一个非常贫穷的家庭，在他考上高中后，由于无法负担他以后的教育费用，曹遂军的父亲决定送他读技校，这样可以学一门技术补贴家用。回想起自己的成长经历，曹遂军说："进入学校才知道，学焊接是一个枯燥乏味且特别辛苦的体力活。"刚上手焊接时，焊线走得歪歪扭扭，东一疙瘩西一块。为了提升自己的焊接水平，曹遂军白天干活时仔细观察师傅施焊细节，休息时翻看电焊工具书，一蹲一练就是半天。长期的实践积累和教学研究，使他练就了能根据焊接熔池的细微变化判断焊机性能优劣等多个绝活。如今，在国内整个焊工行业，曹遂军已经称得上"金牌教练"，他先后应邀为 20 多家焊机厂试验、调试、评价、改进焊机综合性能，在国内焊机生产领域声名远播。

丰富的技术积累助他 20 多次解决焊接难题。攻克了"预加氢反应器"的裂纹难关，填补该材料用于加氢装置的空白，获"全国优秀焊接工程"奖；创造性提出以分段横焊法焊接仰上坡焊缝，降低了焦炭塔焊接难度，提高了施工效率，带领焊工取得 100% 的合格率；这些难题的解决，克服了瓶颈的制约，降耗增效显著。

临危受命显身手

2008 年北京奥运会的主会场"鸟巢"，许多人并不陌生，这座由 4.2 万 t

钢结构有序编织成的椭圆马鞍形体育场，施工过程中曾创下多项世界纪录。而在曹遂军的职业生涯中，最让他自豪的，就是当年为"鸟巢"施工培养"钢铁裁缝"的经历。按照当时的施工要求，"鸟巢"的外壳要采用国产 Q460 钢连接而成，这种特种钢材强度是普通钢材的两倍，厚度在 100mm 以上，在焊接过程中，任何一处受力不均匀都会影响安全，焊接施工难度非常大。焊接特大箱型梁是"最难啃的骨头"，焊缝接口都是角度很小的单坡口，操作者需要手拿焊枪将焊丝探至焊件根部施焊，质量极难控制。面对"鸟巢"的焊接难题，前来参建的焊接"精兵强将"们也感觉非常棘手。如何确保"鸟巢"外壳焊接施工万无一失？关键时刻，工程技术顾问、中国工程建设焊接协会秘书长刘景凤想起了曹遂军。2005 年 6 月底，曹遂军应邀来到北京，他的任务是给筛选出来的 40 余名电焊骨干当教练，手把手对他们进行操作培训和实践指导。严峻的挑战激发出曹遂军的斗志，他和学员一起琢磨解决方案，通过一次次现场操作，让"鸟巢"高强度厚板焊接难题迎刃而解。一个多星期后，曹遂军顺利完成了教练任务。整个"鸟巢"钢结构焊缝长度近 320km，最后全部经超声波探伤，合格率达到 100%。"毕业"的 40 余名学员又成了其他焊工的老师。

焊接技艺永传承

2011 年 10 月 4 日晚，第 41 届世界技能大赛在英国伦敦开幕，中国首次派出代表团参赛。在这次比赛中，中国选手裴先峰勇夺焊接项目银牌，使中国首次参赛即实现了奖牌"零"的突破。能在当今世界地位高、规模大、影响力大的职业技能竞赛夺取奖牌意义重大。指导裴先峰的教练正是曹遂军。他连续 13 年被聘为国家级焊工技能竞赛裁判，多次前往海外执行焊工培训任务。

从最初的普通焊工到闻名行业的"金牌教练"，毫无保留地传授技术和经验，培训骨干焊工 1200 余名，带领选手四夺全国团体冠军，5 个全国比赛第 1 名，60 多名学员被授予全国五一劳动奖章、全国技术能手、省技术能手、省五一劳动奖章、市五一劳动奖章等荣誉称号。

"电焊虽苦虽累，但我收获了很多，而且我还能把我的技能和收获传给我的徒弟们，让中国电焊技术一代更比一代强。"曹遂军说，今后他还是会专心做培训，争取为国家建设培育更多的优秀焊工。

见贤
思齐　　阅读案例后，用几个词语写下你的收获与感悟。

模块四

电工技术

项目十　磁路与变压器

职业岗位应知应会目标…

知识目标：

➤ 了解磁的基本知识

➤ 熟悉变压器的结构、原理和作用

➤ 了解自耦变压器、电流互感器和电压互感器的结构原理

技能目标：

➤ 会使用电流互感器和电压互感器

➤ 能对小型变压器的常见故障进行维修

素养目标：

➤ 爱岗敬业、规范操作

➤ 团结协作、诚实守信

➤ 协作意识、劳模精神、工匠精神

任 务 一 认识电感线圈

1820 年，丹麦科学家奥斯特发现了"电生磁"现象。1831 年，英国科学家法拉第又发现了"磁生电"现象。在生活中广泛应用的荧光灯、电视机、手机、电磁炉、变压器、电动机等都是靠电磁工作的。通过本任务的学习，应了解电磁基本知识，认识电感线圈的外形及电路符号，并会用万用表检测电感线圈。

常用电感器
外形

一、电感线圈外形、符号

电感线圈是用绝缘导线如漆包线或纱包线绕在支架或铁心上制成的，也称为电感器。常见电感线圈的外形如图 10-1 所示。

a)空心电感线圈　　　　　b)电子镇流器中的线圈　　　c) 埋弧焊机中的线圈(电抗器)

图 10-1　电感线圈的外形

绕在非铁磁材料做成的骨架上的线圈称为空心电感线圈，它通常绕制在陶瓷或酚醛树脂上，在高频下使用性能优良，适用于通信产品。为了获得更强的磁场，常采用硅钢片叠压的铁心。电感线圈的电路符号如图 10-2 所示。

a) 空心电感线圈　　　　b) 铁心电感线圈　　　　　c) 实际电感线圈

图 10-2　电感线圈的电路符号

二、检测电感线圈

1. 工具材料准备

准备万用表一块，电感式荧光灯镇流器一只。

2. 检测过程

1）将万用表拨到电阻档，选择 R×10 档。

2）进行欧姆调零。

3）测量荧光灯镇流器线圈的直流电阻，正常值为几十欧姆。如果测得电阻为 ∞ ，则说明线圈内部断路；如果测得电阻为 0 或者很小，则说明线圈内部短路。

【知识链接】

一、磁的基本知识

某些物体具有的吸引铁、钴、镍等物质的性质称为磁性，具有磁性的物质称为磁体（又称磁铁）。磁铁分为天然磁铁和人造磁铁两类。常见的人造磁铁有条形磁铁、马蹄形磁铁和针形磁铁等。磁铁两端的磁性最强，磁性最强的地方称为磁极。任何磁铁都有一对磁极：一个南极，用 S 表示；一个北极，用 N 表示。无论把磁铁怎样分割，它总保持有两个异性磁极，即 N 极和 S 极总是成对出现。磁极之间存在着相互作用力：同名磁极相互排斥，异名磁极相互吸引。

在磁力作用的空间有一种特殊的物质称为磁场。磁极之间的作用力是通过磁极周围的磁场传递的。利用磁力线可以形象地描绘磁场，常用磁力线方向来表示磁场方向。条形磁铁的磁场如图 10-3 所示。在磁铁外部，磁力线从 N 极到 S 极；在磁铁内部，磁力线从 S 极到 N 极。

当磁力线为同方向、等距离的平行线时，这样的磁场称为匀强磁场，如图 10-4 所示。

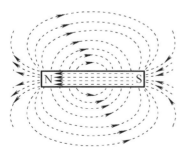

图 10-3　条形磁铁的磁场

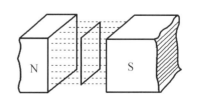

图 10-4　匀强磁场

电流可以产生磁场。实验证明：通电导体周围存在着磁场，这种现象称为电流的磁效应。

二、电磁感应定律

法拉第电磁感应定律是英国物理学家法拉第在 1831 年发现的，这是 19 世纪最伟大的发现之一，在科学史上具有划时代的意义。

在电磁感应现象实验中发现：当与线圈交链的磁通发生变化时，线圈中产生感应电动势的大小与线圈中的磁通变化率成正比。这个规律就是法拉第电磁感应定律。

单匝线圈上的感应电动势为

$$e = -\frac{\Delta\varphi}{\Delta t} \tag{10-1}$$

对于多匝线圈，其感应电动势为

$$e = -N\frac{\Delta\varphi}{\Delta t} \tag{10-2}$$

式中　N——线圈匝数，单位是匝；

$\dfrac{\Delta\varphi}{\Delta t}$——磁通变化率，单位是韦伯每秒，符号为 Wb/s；

e——感应电动势，单位是伏特，符号为 V。

式（10-1）和式（10-2）中的负号，表示了感应电动势的方向和磁通变化的趋势相反，在实际应用中，常用楞次定律来判断感应电动势的方向，而用法拉第电磁感应定律来计算感应电动势的大小。

三、自感与互感

1. 电感线圈的自感

线圈中通过电流时，就会产生磁通，与线圈交链的总磁通称为磁链；电流的大小发生变化，穿过线圈的磁链也会发生变化，并在线圈中引起感应电动势。这种由于流过线圈本身的电流变化引起的电磁感应现象，称为自感现象，简称自感。这个感应电动势称为自感电动势。

自感电动势的大小与导体中电流的变化速度、线圈形状、尺寸、线圈的匝数有关。

为了表明各个线圈产生自感磁链的能力，将线圈的自感磁链与电流的比值称为线圈（或回路）的自感系数（或自感量），又称电感，用符号 L 表示，即

$$L = \frac{\Psi}{I} \tag{10-3}$$

可见，电感的物理意义是表明了一个线圈通入单位电流时产生感应电动势大小的能力，即储存磁场能量的能力。

电感的单位为亨利（简称亨，符号为 H），常用的单位还有毫亨（mH）和微亨（μH），它们的换算关系为

$$1H = 10^3 mH; 1mH = 10^3 \mu H$$

2. 电感线圈的互感

当两个线圈相互靠近时，一个线圈的电流产生的磁通会通过另一个线圈，称这两个线圈具有磁耦合关系。因此，当一个线圈内电流发生变化时，会在另一个线圈上产生感应电动势，这种现象称为互感现象，简称互感。由互感产生的电动势称为互感电动势。

任 务 二　变压器的识别与检测

在日常生活和生产中，不同的场合需要不同的电压等级，如一般的日常照明和家电产品的电压为交流 220V；某气体保护焊机空载输出电压 U_0 为直流 17~30V；机床局部照明为交流 36V 或更低。因此常采用各种规格不同的变压器将交流电压进行变换，以满足不同的需要。变压器既可以变换电压，又可以变换电流和阻抗。

一、变压器的外形和结构

变压器的分类方法很多，按用途分为电力变压器、特种变压器、仪用互感器；按铁心结构分为心式变压器、壳式变压器；按相数分为单相变压器、三相变压器和多相变压器。

几种常见变压器的外形如图 10-5 所示。

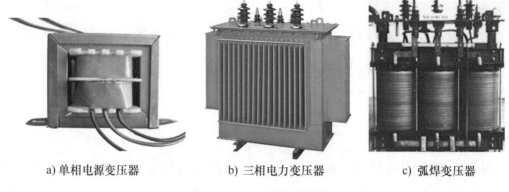

a) 单相电源变压器　　　　b) 三相电力变压器　　　　c) 弧焊变压器

图 10-5　变压器的外形

变压器由铁心和绕组等部分组成，如图 10-6 所示。铁心构成变压器的磁路系统，并作为变压器的机械骨架。对铁心的要求是导磁性能要好，磁滞损耗及涡流损耗要尽量小，因此，一般采用 0.35mm 厚的硅钢片制作。

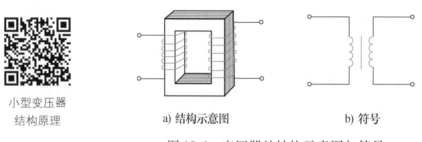

小型变压器
结构原理

a) 结构示意图　　　　　　b) 符号

图 10-6　变压器的结构示意图与符号

绕组构成变压器的电路部分，小型变压器一般用具有绝缘的漆包圆铜线绕制而成，容量较大的变压器则用扁铜线或扁铝线绕制而成。与电源相连的绕组称为一次绕组；与负载相连的绕组称为二次绕组。

变压器按铁心和绕组的组合结构可分为心式变压器和壳式变压器。心式变压器的铁心被绕组包围，而壳式变压器的铁心则包围绕组，如图 10-7 所示。

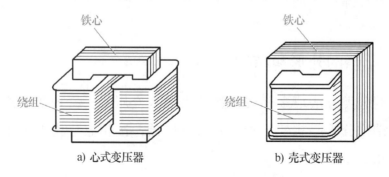

a) 心式变压器　　　　　　　b) 壳式变压器

图 10-7　变压器结构类型

二、变压器的基本原理

1. 变压器的空载运行和电压变换

如图 10-8 所示，在一个闭合的铁心磁路上，一次绕组匝数为 N_1，二次绕组匝数为 N_2。

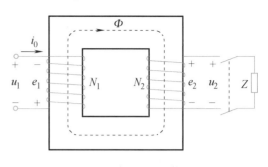

图 10-8 变压器空载运行

当二次绕组没有接用电设备 Z 时，一次绕组接交流电源，在外加交流电压 u_1 的作用下，流过交流电流 i_0（称为空载电流），并建立交变磁动势，在铁心中产生交变磁通 Φ。该磁通同时交链一、二次绕组，根据电磁感应定律，在一、二次绕组中产生感应电动势 e_1、e_2。通过分析可得电动势有效值为

$$E_1 = 4.44fN_1\Phi_{\mathrm{m}} \tag{10-4}$$

$$E_2 = 4.44fN_2\Phi_{\mathrm{m}} \tag{10-5}$$

式中 Φ_{m}——交变磁通的最大值；

      f——交流电的频率。

由此可得

$$\frac{E_1}{E_2} = \frac{N_1}{N_2}$$

如略去一次绕组中的阻抗不计，则外加电源电压 U_1 与一次绕组中的感应电动势 E_1 可近似看做相等，即

$$U_1 \approx E_1$$

在空载情况下，由于二次绕组开路，故端电压 U_2 与电动势 E_2 相等，即

$$U_2 = E_2$$

因此

$$\frac{U_1}{U_2} \approx \frac{E_1}{E_2} = \frac{N_1}{N_2} = K_{\mathrm{u}} = K \tag{10-6}$$

式中 K_{u}——变压器的电压比，也可以用 K 来表示，这是变压器中最重要的参数之一。

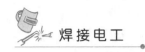

特别提示

❖ 当一次绕组的匝数 N_1 比二次绕组的匝数 N_2 多时，$K>1$，这种变压器为降压变压器；反之，当一次绕组的匝数 N_1 少于二次绕组的匝数 N_2 时，$K<1$，为升压变压器。

2. 变压器的负载运行和电流变换

变压器一次绕组接额定电压，二次绕组与负载相连的运行状态称为变压器的负载运行，如图 10-9 所示。

此时二次绕组中有电流 i_2 通过，由于该电流是依据电磁感应原理由一次绕组感应而产生，因此一次绕组中的电流也由空载电流 i_0 变为负载电流 i_1。通过分析可得一次、二次绕组中的电流关系为

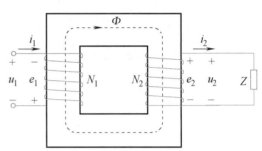

图 10-9　变压器负载运行

$$\frac{I_1}{I_2}=\frac{U_2}{U_1}\approx\frac{N_2}{N_1}=\frac{1}{K_u}=K_i \qquad (10-7)$$

式中　K_i——变压器的电流比。

当变压器负载电流 i_2 变化时，一次电流 i_1 会相应地变化，以抵消负载电流的影响，使铁心中的磁通基本保持不变。正是负载电流的去磁作用和一次电流的相应变化维持了主磁通近似不变的效果，使得变压器可以通过磁的关系，把输入到一次侧的功率传递到二次侧。同时，也说明了二次电流变化时，一次电流也跟着变化。

特别提示

❖ 当变压器额定运行时，一次、二次电流之比近似等于其匝数之比的倒数。

❖ 若改变一次、二次绕组的匝数，就能够改变一次、二次电流的比值。

❖ 匝数多的绕组电压高、电流小；匝数少的绕组电压低、电流大。

3. 变压器的阻抗变换

变压器除了具有变压和变流的作用外，还有变换阻抗的作用。在电子电路中，负载为了获得最大功率，应满足负载的阻抗与信号源的阻抗相等的条件，

即阻抗匹配。可以在信号源与负载之间加一个变压器以实现阻抗匹配。变压器的阻抗变换如图 10-10 所示。

4. 变压器的外特性

变压器加上负载之后，随着负载电流 I_2 的增加，二次绕组输出的电压 U_2 随之发生变化。当一次电压 U_1 和负载的功率因数 $\cos\varphi_2$ 一定时，二次电压 U_2 与负载电流 I_2 的关系，称为变压器的外特性。功率因数不同时的几条外特性绘于图 10-11 中，焊接用的变压器一般为陡降和平特性两大类。

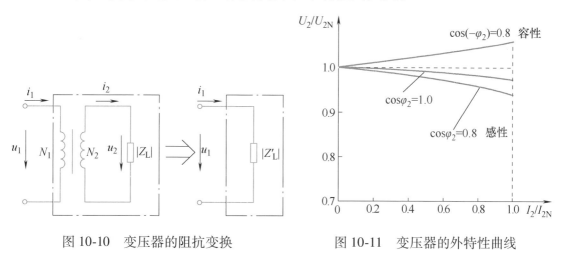

图 10-10 变压器的阻抗变换　　　　图 10-11 变压器的外特性曲线

三、特殊变压器

1. 自耦调压器

自耦调压器只有一个绕组，其二次绕组是一次绕组的一部分，改变滑动触头的位置，就可改变输出电压的大小，其外形图和电路原理如图 10-12 所示。

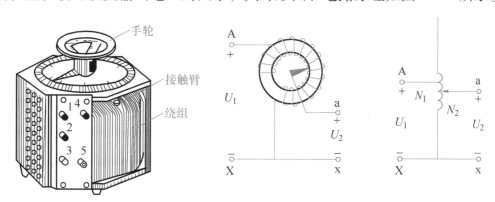

图 10-12 自耦调压器外形图和电路原理

 职业标准链接

自耦调压器使用规范

❖ 一、二次绕组的公共端 X 或 x 接中性线（零线），A 端接电源相线（火线），a 和 x 作为输出端。

❖ 自耦调压器在接电源之前，必须把手柄转到零位，使输出为零，以后再慢慢顺时针转动手柄，使输出电压逐步上升。

2. 仪用互感器

仪用互感器是作为测量用的专用设备，分电流互感器和电压互感器两种，它们的工作原理与变压器相同。使用仪用互感器的目的：一是为了测量人员的安全，使测量回路与高压电网相互隔离；二是扩大测量仪表（电流表及电压表）的测量范围。

（1）电流互感器　在电工测量中用来按比例变换交流电流的仪器称为电流互感器。常见的电流互感器外形如图 10-13 所示。

图 10-13　电流互感器外形

电流互感器由闭合的铁心和绕组组成，它的一次绕组匝数就是穿过电流互感器的导线的匝数，它的二次绕组匝数比较多，串联在测量仪表和保护回路中。一般二次侧电流表用量程为 5A 的仪表。只要改变接入的电流互感器的电流比，就可测量大小不同的一次电流。

 职业安全提示

电流互感器使用注意事项

1. 电流互感器的二次绕组绝对不允许开路。

2. 电流互感器的铁心及二次绕组一端必须可靠接地，以防止绝缘击穿后，电力系统的高压危及工作人员及设备的安全。

（2）电压互感器 在电工测量中用来按比例变换交流电压的仪器称为电压互感器，常见的电压互感器外形如图 10-14 所示。

图 10-14 电压互感器外形

一般二次侧电压表均用量程为 100V 的仪表。只要改变接入的电压互感器的电压比，就可测量高低不同的电压。

 职业安全提示

电压互感器使用注意事项

1. 电压互感器的二次绕组在使用时绝对不允许短路。
2. 电压互感器的铁心及二次绕组的一端必须可靠地接地。

任 务 三 小型变压器故障判别与维修

小型电源变压器可专门用作某些小功率负载的供电电源之用，按用途分为电源变压器、选频变压器、耦合变压器和隔离变压器；按工作频率分为高频变压器、中频变压器、低频变压器；按铁心形状的不同可分为 E 形及 F 形变压器、∏ 形变压器、C 形变压器、R 形变压器、O 形（环形）变压器。在使用和维护中，经常会碰到变压器出现故障而需要进行检修的问题。现介绍小型变压器常见故障的判别与维修，见表 10-1。

表 10-1 小型变压器常见故障的判别与维修

故 障 现 象	故 障 原 因	维 修 方 法
接通电源后无电压输出	1）一次或二次绕组开路或引出线脱焊	1）拆换处理开路点或重绕绕组，焊牢引出线头
	2）电源插头接触不良或外接电源线开路	2）检查、修理或更换插头电源线
空载电流偏大	1）铁心叠厚不够	1）可以增加铁心厚度，或重做骨架、重绕线包
	2）硅钢片质量太差	2）更换高质量的硅钢片
	3）一次绕组匝数不足	3）增加一次绕组匝数
	4）一、二次绕组局部匝间短路	4）拆开绕组，排除短路故障
运行中响声大	1）铁心未插紧或插错位	1）插紧夹紧铁心，纠正错位硅钢片
	2）电源电压过高	2）检查、处理电源电压
	3）负荷过重或有短路现象	3）减轻负载，排除短路故障
温升过高或冒烟	1）负载过重，输出端有短路现象	1）减轻负载，排除短路故障
	2）铁心厚度不够，硅钢片质量差	2）加足厚度或更换高质量硅钢片
	3）硅钢片涡流过大	3）重新处理硅钢片绝缘
	4）层间绝缘老化	4）浸漆、烘干增强绝缘或重绕绕组
	5）绕组有局部短路现象	5）检查、处理短路点或更换新绕组
电压过高或过低	1）电源电压过高或过低	1）检查、处理电源电压
	2）一次或二次绕组匝数绕错	2）重新绕制绕组
铁心或底板带电	1）一次或二次绕组对地绝缘损坏或老化	1）绝缘处理或更换重绕绕组
	2）引出线碰触铁心或底板	2）排除碰触点，做好绝缘处理

项目十一　弧焊变压器

任务一　认识弧焊变压器
任务二　焊接变压器的外特性调节

职业岗位应知应会目标…

知识目标：
➢ 了解弧焊变压器外形和结构
➢ 了解弧焊变压器的分类和原理

技能目标：
➢ 能进行弧焊变压器特性调节
➢ 会使用钳形电流表

素养目标：
➢ 严谨认真、规范操作
➢ 合作学习、团结协作
➢ 热爱劳动、创新精神、工匠精神

弧焊电源根据其各自的特点可分为弧焊变压器、弧焊整流器、弧焊发电机、晶闸管弧焊电源、晶体管弧焊电源等。通过本项目的学习,认识弧焊变压器的特点、结构、原理及外特性调节。以上几种弧焊电源的维护保养见模块五。

任务一 认识弧焊变压器

弧焊变压器是一种特殊的变压器,其基本工作原理与一般的电力变压器相同,为了满足弧焊工艺要求,它还应具有以下特点:

1)要有一定的空载电压和较大的电感,以保证交流电弧的稳定燃烧。

2)应具有下降的外特性,它主要用于焊条电弧焊、埋弧焊和钨极氩弧焊。

3)弧焊变压器的内部感抗值应可调,以便于焊接参数的调节。

一、弧焊变压器的原理、分类及型号

1. 弧焊变压器原理

弧焊变压器是一种最简单和常用的弧焊电源。根据变压器原理,可以得到弧焊变压器的外特性公式如下:

$$U_h = \sqrt{U_0^2 - I_h^2 X_z} \text{ 或 } I_h = \sqrt{\frac{U_0^2 - U_h^2}{X_z}} \tag{11-1}$$

式中　U_h——电弧电压;

　　　U_0——空载电压;

　　　I_h——焊接电流;

　　　X_z——弧焊变压器的总等效阻抗,即变压器的漏抗值和电抗器的感抗值之和。

从式(11-1)可以看到,要使弧焊变压器获得下降的外特性,变压器的总等效阻抗不能等于零;要使弧焊变压器获得陡降的外特性,则总等效阻抗 X_z 必须大。

2. 弧焊变压器分类、型号

由式(11-1)可知,若获得下降的外特性,就要使得 X_z 比较大。若变压器的漏抗值小,则需要串联电抗器;若变压器本身有较大的漏抗,就不用串联电抗器。因而弧焊变压器分为正常漏磁式(又称串联电抗器式)和增强漏磁式两大类。

正常漏磁式弧焊变压器分为分体式、同体式和多站式。分体式即变压器与电抗器分开，二者用电缆连接，如 BN、BX10 系列。同体式即变压器与电抗器组成一个整体，如 BX、BX2 系列。多站式是由一台三相平特性变压器并联多个电抗器组成，如 BP-3×500 系列。实际上在弧焊变压器中，除多站式电源外，已经很少采用串联电感的方式。

增强漏磁式弧焊变压器需要人为增加自身的漏抗，一般采用三种方法：移动绕组、移动铁心和改变绕组抽头匝数，因而增强漏磁式弧焊变压器分为动圈式、动铁式和抽头式。其中 BX3 系列弧焊变压器属于动圈式，BX1 系列弧焊变压器属于动铁式，BX6 系列弧焊变压器属于抽头式。

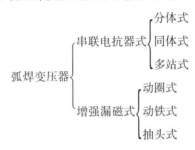

二、常用弧焊变压器结构及技术数据

1. 动圈式弧焊变压器结构、技术数据

动圈式弧焊变压器结构示意图如图 11-1 所示。

动圈式弧焊变压器铁心高而窄，在两侧的铁心柱上套有一次绕组 W_1 和二次绕组 W_2。一次绕组和二次绕组是分开缠绕的，一次绕组在下方固定不动，通过二次绕组在上方沿铁心柱上下移动来改变 δ 的大小。由于铁心窗口较高，δ 可调范围大。这种结构使得一、二次绕组之间磁耦合不紧密而有很强的漏磁。利用由此所产生的漏抗来得到变压器下

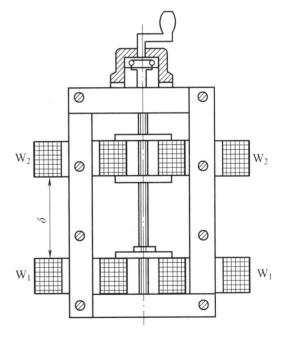

图 11-1　动圈式弧焊变压器结构示意图

降的外特性，而不必附加电抗器。由于漏抗与电抗的性质相同，所以变压器自身的漏抗可代替电抗器的电抗。

BX3 系列动圈式交流弧焊机适用于各种低碳钢、低合金钢构件的焊接。它具有结构简单、保养与维修方便、价格低廉、轻巧机动、效率高、工作费用低等优点。该焊机可采用 $\phi2 \sim \phi8mm$ 的涂药焊条，适用于以大电流来焊接较厚的钢铁结构，也可作电切割之用。

常用动圈式交流弧焊机型号及技术数据见表 11-1。

表 11-1　常用动圈式交流弧焊机的型号及技术数据

参数项目	型号							
	BX3-315		BX3-400		BX3-500		BX3-630	
电源电压/V	380		380		380		380	
频率/Hz	50		50		50		50	
相数	1		1		1		1	
额定输入电流/A	65		81		102		120	
额定焊接电流/A	315		400		500		630	
电流调节范围/A	I	II	I	II	I	II	I	II
	40~135	120~315	45~155	150~400	60~220	180~500	65~230	230~630
空载电压/V	76	70	76	70	76	70	76	70
额定负载持续率（%）	60		60		60		60	
输入容量/kVA	24.7		30.8		38.8		42	
绝缘等级	F		F		F		F	
防护等级	IP21		IP21		IP21		IP21	
冷却方式	自然空冷		自然空冷		自然空冷		自然空冷	

2. 动铁式弧焊变压器结构、技术数据

动铁式弧焊变压器结构示意图如图 11-2 所示。

它是由口字形静铁心 I、动铁心 II、一次绕组 W_1 和二次绕组 W_2 组成。δ 为动铁心和静铁心之间的空气间隙。动铁心插入一次绕组和二次绕组之间，提供一个磁分路，以减小漏

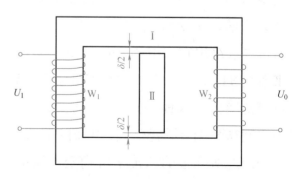

图 11-2　动铁式弧焊变压器结构示意图

磁磁路的磁阻，从而使漏抗显著增加。通过移动动铁心在静铁心的窗口位置，实现对焊接电流大小的调节。

BX1 系列动铁式交流弧焊机适用于直径为 $\phi 2.5 \sim \phi 8mm$ 的涂药焊条，焊接低碳钢及低合金钢等各种金属构件。该焊机具有结构紧凑、移动灵活、引弧容易、焊接电流调节均匀、调节范围宽、操作方便、焊接性能良好、检修方便等特点。如图 11-3 所示，它的电流调节是通过转动手轮，带动动铁心移动改变空气隙长度来实现的。

图 11-3　BX1-315 型弧焊变压器的电流调节

1—手轮　2—电流指示　3—静铁心　4—动铁心

常用动铁式交流弧焊变压器的型号及技术数据见表 11-2。

表 11-2　常用动铁式交流弧焊变压器的型号及技术数据

参数项目	型号					
	BX1-315 双电压	BX1-315 双电压	BX1-315	BX1-400	BX1-500	BX1-630
电源电压/V	220/380	380/660	380	380	380	380
频率/Hz	50	50	50	50	50	50
相数	1	1	1	1	1	1
额定输入电流/A	70/42	60/38	60	77	97	125
额定焊接电流/A	200	250	315	400	500	630
电流调节范围/A	30~200	30~250	60~315	80~400	100~500	125~630
空载电压/V	60~66	60~66	71	70	68	66
额定负载持续率（%）	35	35	35	35	35	35
输入容量/kVA	22.8	22.8	22.8	29.3	36.8	47.5
绝缘等级	F	F	F	F	F	F
防护等级	IP21S	IP21S	IP21S	IP21S	IP21S	IP21S
冷却方式	强迫风冷	强迫风冷	强迫风冷	强迫风冷	强迫风冷	强迫风冷

三、弧焊变压器的特点

弧焊变压器的特点是：输出电压不高（数十伏），但输出电流却很大，通常达数百安甚至上千安。在空载时有较高的引弧电压（一般为 $60 \sim 70V$），以便引弧，而在正常焊接时，其电压比空载电压低很多（约为 $30V$），以满足维持电弧的需要。即使发生短路（焊钳与被焊工件直接接触），其电流比正常焊接时也不会增大太多，可避免变压器被烧毁。

任务二 焊接变压器的外特性调节

弧焊变压器的电源外特性就是电压 U_2 与负载电流 I_2 的关系。焊条电弧焊电路示意图如图 11-4 所示。

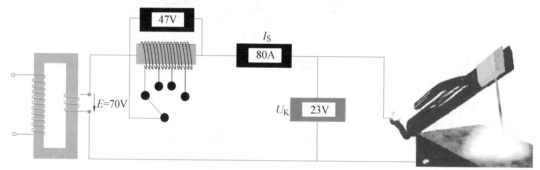

图 11-4 焊条电弧焊电路示意图

影响电源外特性的因素有：感抗大小、电弧长短和弧焊变压器输出端电压 U_K 的高低。焊接电流 I_S 与焊接电源输出电压 U_K 和电弧电阻 R_L 有关：

$$I_S = \frac{U_K}{R_L} \qquad (11\text{-}2)$$

1. 改变电弧长短

如果改变电弧长度，实际上它会使焊接电路中的总电阻发生变化，在电弧长度较短时，使总电阻减小，从而得到较大的焊接电流。

2. 改变弧焊变压器输出端电压 U_K

改变弧焊变压器输出端电压 U_K 的方法主要有：

1）改变变压器的电压比，如图 11-5 所示。

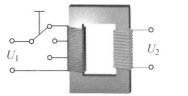

$$U_2 = U_1 \frac{N_2}{N_1}$$

U_1——一次电压
U_2——二次电压
N_1——一次绕组匝数
N_2——二次绕组匝数

图 11-5 改变变压器的电压比

2）改变电抗器的电抗，如图 11-6 所示。

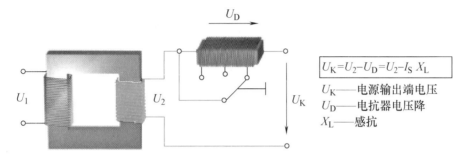

$$U_K = U_2 - U_D = U_2 - I_S X_L$$

U_K——电源输出端电压
U_D——电抗器电压降
X_L——感抗

图 11-6 改变电抗器的电抗

3）改变漏磁通，如图 11-7 所示。改变漏磁通将改变二次电压 U_2。

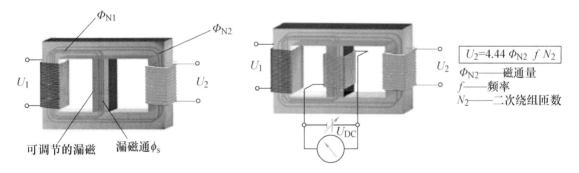

Φ_{N1}
Φ_{N2}
U_1
U_2
U_1
U_2
U_{DC}

可调节的漏磁
漏磁通 ϕ_S

$$U_2 = 4.44 \, \Phi_{N2} \, f \, N_2$$

Φ_{N2}——磁通量
f——频率
N_2——二次绕组匝数

图 11-7 改变漏磁通

项目十二　焊接车间用风机

职业岗位应知应会目标···

知识目标：

➢ 了解轴流风机的铭牌和型号

➢ 了解轴流风机的原理

技能目标：

➢ 正确进行轴流风机接线

➢ 正确进行轴流风机维护和保养

素养目标：

➢ 严谨认真、规范操作

➢ 合作学习、团结协作

➢ 环保意识、劳动精神、工匠精神

任 务 一 认识轴流风机

小面积焊接车间的通风散热主要采用轴流风机，通过本项目的学习，应认识轴流风机的铭牌，掌握轴流风机的接线与维护保养。

1. 外形、组成

轴流风机的外形和结构示意图如图 12-1 所示。

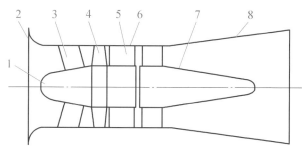

图 12-1　轴流风机的外形和结构示意图

1—前整流罩　2—集流器　3—导流器

4—叶轮　5—导叶　6—机壳　7—后导流罩　8—扩散筒

轴流风机由集流器、叶轮、导叶和扩散筒等组成。因为气体平行于风机轴流动，因而称为"轴流式"。如电风扇、空调外机风扇就是轴流方式运行风机。轴流式风机安装方便，通风换气效果明显、安全，通常用在流量要求较高而压力要求较低的场合。

2. 型号含义

某轴流风机铭牌如图 12-2 所示。通过阅读产品的说明书，了解型号含义。

图 12-2　某轴流风机铭牌

轴流风机型号为200FZY2-D，其含义如下：

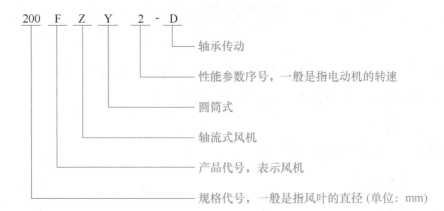

3. 安装接线

一般轴流风机机身铭牌上标有图示，接线时按照轴流风机上给出的接线图进行电路连接即可。图12-3所示为某电容运行式轴流风机的接线图。

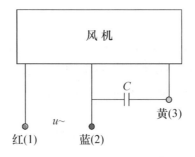

图12-3　某电容运行式轴流风机的接线图

任务二　轴流风机的维护与保养

轴流风机要按规程进行维护和保养。主要有：

1）使用环境应经常保持整洁，风机表面保持清洁，进、出风口不应有杂物，定期清除风机及管道内的灰尘等杂物。

2）只能在风机完全正常情况下方可运转，同时要保证供电设施容量充足、电压稳定，供电线路必须为专用线路，不应长期用临时线路供电。对于三相轴流风机，严禁断相运行。

3）风机在运行过程中发现有异常声、电动机严重发热、外壳带电、开关跳闸、不能起动等现象时，应立即停机检查。为了保证安全，不允许在风机运行中进行维修，检修后应进行试运转 5min 左右，确认无异常现象再开机运转。

任务三 焊接车间除尘设备用风机

一、焊接车间焊烟除尘设备

焊接作业中经常会产生一些有毒物质，称为焊接烟尘。焊接烟尘会导致多种职业病（如焊工硅肺、锰中毒、电光性眼炎等）的发生，因此，一方面焊接作业人员要做好个人防护，如佩戴口罩等，另一方面要在焊接场所配备焊接烟尘除尘设备。常用除尘设备有集中式焊接烟尘净化设备和移动式除尘器。集中式焊接烟尘净化设备如图 12-4 所示。

图 12-4 集中式焊接烟尘净化设备

集中式焊接烟尘净化设备组成示意图如图 12-5 所示。

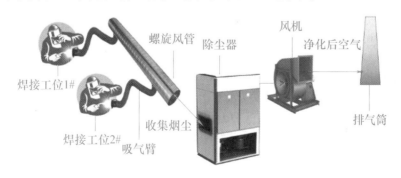

图 12-5 集中式焊接烟尘净化设备组成示意图

集中式焊接烟尘净化设备工作原理：通过风机引力作用，焊烟废气经万向吸尘罩吸入设备进风口，设备进风口处设有阻火器，火花经阻火器被阻留，烟尘气体进入沉降室，利用重力与上行气流，首先将粗粒尘直接降至灰斗，微粒烟尘被滤芯捕集在外表面，洁净气体经滤芯过滤净化后，由滤芯中心流入洁净室，洁净空气又经活性碳过滤器吸附进一步净化后经出风口达标排出。

移动式除尘器轻巧灵活、操作方便，适用于焊条电弧焊、二氧化碳保护焊、MAG 焊接、碳弧气刨焊、气割、特殊焊接等产生烟气的作业场所。移动式除尘器由万向吸气臂、过滤器、多翼式离心风机等组成，如图 12-6 所示。

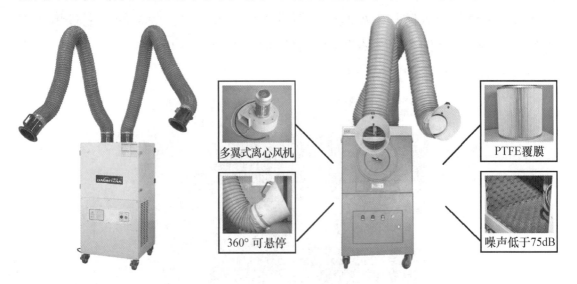

图 12-6　移动式除尘器

CAE 500 型除尘器外形和铭牌如图 12-7 所示。

a) CAE 500型除尘器外形　　　　　b) CAE 500型除尘器铭牌

图 12-7　CAE 500 型除尘器外形和铭牌

二、离心风机

1. 外形和工作原理

离心风机外形如图 12-8 所示。离心风机一般由叶轮、机壳、集流器、电动机和传动件（如主轴、带轮、轴承、V 带等）组成。

离心风机工作原理：当电动机转动带动风机叶轮旋转时，叶轮中叶片之间的气体也跟着旋转，并在离心力的作用下被甩出，气体流速增大，使气体在流动中将动能转换为静压能，然后随着流体的增压，使静压能又转换为动能，通过排气口排出气体，而在叶轮中间形成了一定的负压，由于入口呈负压，使外界气体在大气压的作用下立即补入，在叶轮连续旋转作用下不断排出和补入气体，从而达到连续鼓风的目的。

图 12-8 离心风机外形

2. 离心风机安装注意事项

1）安装前仔细阅读风机使用说明书及产品样本，熟悉和了解风机的规格、形式、叶轮旋转方向和气流进出方向等；再次检查风机各零部件是否完好。

2）风机所配电控箱必须与对应风机相匹配。

3）连接风机进出口的风管有单独支撑，不允许将管道重叠重量加在风机的部件上。风机安装时应注意风机的水平位置，对风机与地基的结合面与出风管道的连接应调整好，使之自然吻合，不得强行连接。

4）风机安装后，用手或杠杆拨动叶轮，检查是否有过紧或擦碰现象，有无妨碍转动的物品，无异常现象才可进行试运转。

5）风机接线应由专业电工人员接线，电控箱处的接线编号与风机接线柱上的编号对应一致，风机外壳应可靠接地。

6）风机全部安装后，应检查风机内部是否有遗留的工具和杂物。

项目十三　三相异步电动机单向运行控制电路安装

任务一　电动机手动控制电路安装
任务二　电气控制电路图识读与绘制
任务三　单向连续运行控制电路安装

职业岗位应知应会目标…

知识目标：

➤ 掌握熔断器、低压断路器、按钮、
接触器、热继电器的外形、结构
原理、符号、型号、安装使用

➤ 能识读电路图，理解电路工作过程

➤ 能识读接线图和布置图

技能目标：

➤ 能按图熟练安装电路

➤ 能用万用表对电路进行通电前的
检测

素养目标：

➤ 严谨认真、规范操作

➤ 信息素养、团结协作

➤ 安全意识、爱岗敬业、精益求精

三相异步电动机的单向运行控制在生产中广泛应用，本项目从手动控制、点动控制、连续运行三个具体电路来学习单向运行控制电路。

任务一　电动机手动控制电路安装

从外形、结构原理、符号、型号、安装使用等方面认识电动机、熔断器、低压断路器等电器元件。学会识读电路图，能安装电动机手动控制电路。

一、认识电路图

单向手动控制电路电气原理图如图 13-1 所示。

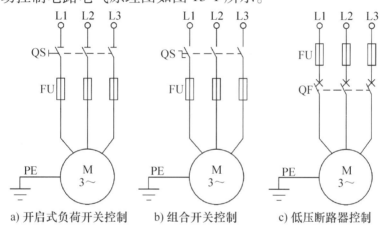

a) 开启式负荷开关控制　　b) 组合开关控制　　c) 低压断路器控制

图 13-1　单向手动控制电路电气原理图

在本任务中按图 13-1c 所示进行手动控制电路安装。

二、工具材料准备

按表 13-1 准备工具、设备（本模块其他项目所用工具不再重复列出），并按表 13-2 配齐任务一所用元器件。

表 13-1　所用工具、设备

序　号	名　　称	型号与规格	单　位	数　量
1	三相五线交流电源	~3×380/220V、20A	处	1
2	单相交流电源	~220V 和 ~24V、5A	处	1
3	电工通用工具	试电笔、一字螺钉旋具、十字螺钉旋具、剥线钳、尖嘴钳、电工刀等	套	1

（续）

序　号	名　　称	型号与规格	单　位	数　量
4	万用表	指针式万用表，如 MF47、MF368、MF500	只	1
5	绝缘电阻表（俗称兆欧表）	500V，0~200MΩ	只	1
6	劳保用品	绝缘鞋、工作服等	套	1

表 13-2　电动机手动控制电路元器件清单

序　号	名　　称	型号与规格	单　价	数　量	金　额
1	三相异步电动机	Y112M-4，4kW，380V，8.8A		1台	
2	熔断器	RT18-32，500V，配 20A 熔体		3只	
3	低压断路器	DZ47-63，380V，20A		1只	
4	端子排	TB1510L，600V，15A、10 节或配套自备		1条	
5	木螺钉	ϕ3mm×20mm；ϕ3mm×15mm		若干	
6	导线	BV-1.5mm^2（颜色自定）		若干	
7	保护接地线（PE）	BVR-1.5mm^2，黄绿双色		若干	
合计					元

💰 请同学们到市场询价或到网上查询，填好表 13-2 中的单价及金额，核算出完成该项目的成本。

三、认识所涉及的元器件

1. 三相异步电动机

（1）电动机分类　根据电流性质的不同，旋转电机分为直流电机和交流电机两大类。将机械能变换为电能的称为发电机，将电能变换为机械能的称为电动机。电动机分类如下：

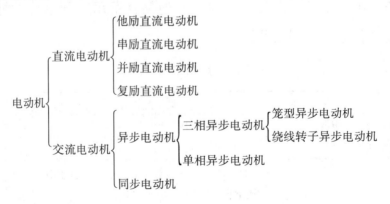

（2）三相异步电动机结构　根据转子形状不同，三相异步电动机分为笼型异步电动机和绕线转子异步电动机。

笼型异步电动机由定子和转子两大部分组成，定子由机座、定子铁心、定子绕组、前端盖、后端盖等组成，转子由转轴、转子铁心、转子绕组、轴承等组成。转子绕组是在转子铁心槽里插入铜条，再将全部铜条两端焊在两个铜端环上而组成，小型笼型转子绕组多用铝浇注而成，结构如图 13-2a 所示。

绕线转子异步电动机也由定子和转子两大部分组成，其中定子结构和笼型电动机相同，转子由转轴、三相转子绕组、转子铁心、集电环、转子绕组出线头等组成。绕线转子异步电动机结构如图 13-2b 所示。

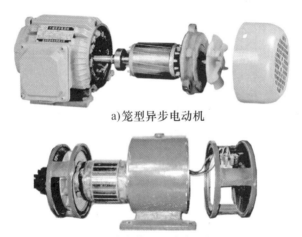

a) 笼型异步电动机

三相异步
电动机

b) 绕线转子异步电动机

图 13-2　三相异步电动机结构

（3）三相异步电动机原理　在对称的三相定子绕组中通入三相对称交流电，定子绕组中将流过三相对称电流，气隙中将建立旋转磁场，转子绕组产生电动势，并在转子绕组中产生感应电流；由于转子自身是闭合的，带电的转子导体在磁场中受电磁力的作用，形成电磁转矩，推动转子旋转。

（4）三相异步电动机铭牌　每台电动机出厂时，在它的外壳上都有一块铭牌，如图 13-3 所示，上面标有电动机的型号规格和有关技术数据，以便用户正确地选择和使用电动机。

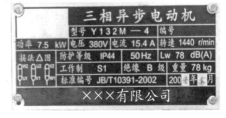

图 13-3　三相异步电动机铭牌

【型号】

三相异步电动机的型号含义如下：

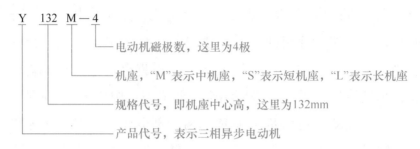

Y 132 M—4

电动机磁极数，这里为4极

机座，"M"表示中机座，"S"表示短机座，"L"表示长机座

规格代号，即机座中心高，这里为132mm

产品代号，表示三相异步电动机

【技术数据】

1）电压（U_N）：即额定电压，指电动机在额定状态下运行时，加在定子绕组出线端的线电压（单位为 V）。这里为 380V。

2）电流（I_N）：即额定电流，指电动机在额定状态下运行时，流入电动机定子绕组中的线电流（单位为 A）。这里为 15.4A。

3）功率（P_N）：即额定功率，指电动机在额定状态下运行时，转子轴上输出的机械功率（单位为 kW）。这里为 7.5kW。

4）50Hz：指电动机在额定状态下运行时，电动机定子侧电压的频率，我国电网f_N=50Hz。

5）转速（n_N）：即额定转速，指电动机在额定状态下运行时的转速（单位为 r/min），这里为 1440r/min。

6）防护等级：指防止外界物体进入和接触电动机转动部分、带电体以及防止水进入电机内部能力的等级。这里为 IP44，其含义如下：

IP——特征字母，为"International Protection（国际防护）"的缩写；

44——4 级防固体（防止直径大于1mm 的固体进入电动机）；4 级防水（任何方向溅水都对电动机无有害影响）。

7）绝缘 B 级：绝缘等级，表示电动机各绕组及其他绝缘部件所用绝缘材料的等级。绝缘材料按耐热性能可分为 Y、A、E、B、F、H、C 7 个等级。绝缘材料耐热性能等级见表 13-3。

表 13-3　绝缘材料耐热性能等级

绝缘等级	Y	A	E	B	F	H	C
最高允许温度/℃	90	105	120	130	155	180	>180

电气设备（包括电动机）高出环境的温度称为温升。电动机的额定温升，是指在规定的环境温度（40℃）下，电动机绕组的最高允许温升，它取决于绕组的绝缘等级。

8）工作制：电动机的运行方式。S1 表示连续运行，S2 表示短时运行，S3 表示断续周期运行。

此外，铭牌上还标明电动机三相绕组的联结方法，这里为"接法△图"，表示是△联结。

（5）电动机接线及检测　笼型异步电动机定子三相绕组有星形（Y）联结和三角形（△）联结两种联结方法。电动机采用何种联结方法，在该电动机铭牌上有明确的标注。如 JW6314 型微型电动机采用Y/△联结方法，Y132M-4 异步电动机采用△联结方法。

一般笼型异步电动机的接线盒中有 6 根引出线，首端用 U1、V1、W1 表示，末端用 U2、V2、W2 表示。电动机外部接线图如图 13-4 所示。

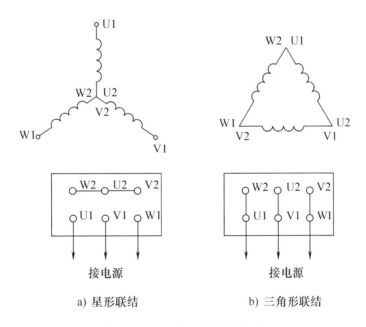

图 13-4　电动机外部接线图

将 JW6314 型微型电动机按图 13-4a、b 分别接好线路，测量 U1-V1，U1-W1，V1-W1 之间的直流电阻值（不通电时的线圈电阻值），填入表 13-4 中。

表 13-4 测量结果

联结方式	直流电阻值/Ω		
	U1-V1	U1-W1	V1-W1
Y联结			
△联结			

2. 熔断器

熔断器是一种在低压配电网络和电力拖动系统中起短路保护的低压电器。使用时串联在被保护的电路中，当电路或电气设备发生短路故障时，通过熔断器的电流达到或超过某一规定值，熔管中的熔体就会熔断而分断电路，起到保护电路及电气设备的目的。熔断器具有结构简单、价格便宜、使用维护方便、体积小、重量轻等优点。

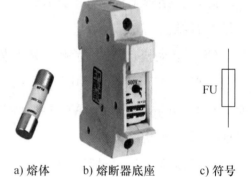

a) 熔体　　b) 熔断器底座　　c) 符号

图 13-5　RT18 系列熔断器外形及符号

（1）外形、结构及符号　熔断器常用系列产品有瓷插式、螺旋式、无填料封闭式、有填料封闭管式等类型。图 13-5 为 RT18 系列熔断器外形及符号，它属于有填料封闭管式熔断器。

熔断器主要由熔体和安装熔体的底座两部分组成。其中熔体是熔断器的主要部分，常做成片状或丝状；底座是熔体的保护外壳，在熔体熔断时兼有灭弧作用。

（2）型号　熔断器的型号及其含义如下：

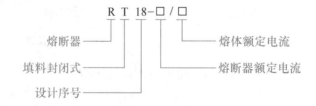

（3）安装和使用　熔断器在安装使用时应遵循以下原则。

1）熔断器应完整无损，接触紧密可靠，并标出额定电压、额定电流的值。

2）圆筒帽形熔断器应垂直安装，接线遵循"上进下出"原则，如图 13-6a

所示；若采用螺旋式熔断器，电源进线应接在底座中心点的接线端子上，被保护的用电设备应接在与螺口相连的接线端子上，遵循"低进高出"原则，以保证更换熔体时操作者不接触熔断器的带电部分，如图 13-6b 所示。

a) 圆筒帽形熔断器的接线　　　　　　　b) 螺旋式熔断器的接线

熔断器

图 13-6　熔断器的接线

3）安装熔断器时，各级熔体应相互配合，并要求上一级熔体的额定电流大于下一级熔体的额定电流。

4）熔断器兼作隔离目的使用时，应安装在控制开关的进线端；若仅作短路保护使用时，应安装在控制开关的出线端。

（4）其他常见熔断器外形　其他几种常见的熔断器外形如图 13-7 所示。

a) 瓷插式　　　b) 螺旋式　　c) 有填料封闭管式　　d) 无填料封闭管式

图 13-7　常见熔断器外形

3. 低压断路器

低压断路器俗称为自动空气开关，是一种既有开关作用，又能进行自动保护的低压电器，当电路中发生短路、过载、电压过低（欠电压）等故障时能自动切断电路，主要用于不频繁接通和分断电路及控制电动机的运行。常用的空气断路器有塑壳式（装置式）和框架式（万能式）两类。

（1）外形、结构及符号　常见的几种低压断路器外形及符号如图 13-8 所示。低压断路器主要由以下部分组成：触头系统，用于接通或切断电路；灭弧装置，用以熄灭触头在切断电路时产生的电弧；传动机构，用以操作触头的闭合与分断；保护装置，当电路出现故障时，通过保护装置的作用，促使触头分断，切断电源。其中 DZ5 系列低压断路器结构原理如图 13-9 所示。

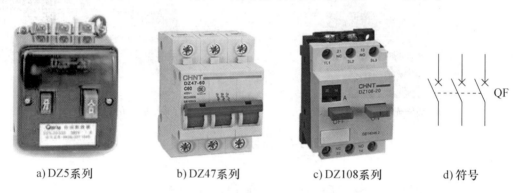

a) DZ5系列　　　　b) DZ47系列　　　　c) DZ108系列　　　　d) 符号

图 13-8　常见的几种低压断路器外形和符号

低压断路器

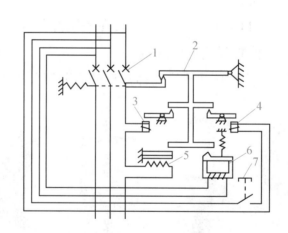

图 13-9　DZ5 系列低压断路器结构原理图

1—主触头　2—自由脱扣器　3—过电流脱扣器　4—分励脱扣器

5—热脱扣器　6—失电压脱扣器　7—测试按钮

（2）型号　低压断路器的型号及其含义如下：

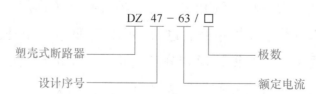

（3）安装接线

1）低压断路器应垂直于配电板安装，将电源引线接到上接线端，负载引线接到下接线端，如图 13-10 所示。

2）低压断路器用作电源总开关或电动机控制开关时，在电源进线侧必须加装刀开关或熔断器等，以形成一个明显的断开点。

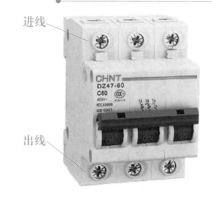

图 13-10 DZ47 系列低压断路器的接线

四、安装步骤及工艺要求

1. 检测电器元件

1）根据电动机的规格检验选配的低压断路器、熔断器、导线的型号及规格是否满足要求。

2）所选用的电器元件的外观应完整无损，附件、备件齐全。

3）用万用表、绝缘电阻表检测电器元件及电动机的有关技术数据。

2. 安装电器元件

在控制板上按图 13-1c 安装电器元件。电器元件安装应牢固，并符合工艺要求。图 13-1c 所示电路的实际接线图如图 13-11 所示。

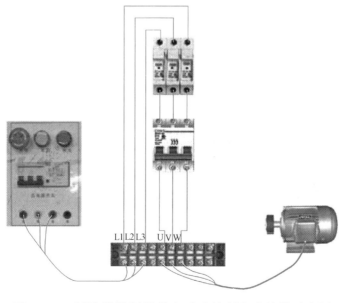

图 13-11 断路器控制的单向手动控制电路接线示意图

3. 布线

按照原理图连接好电路。

4. 安装电动机

1）控制板必须安装在操作时能看到电动机的地方，以保证操作安全。

2）电动机在底座上的固定必须牢固。在紧固地脚螺栓时，必须按对角线均匀用力，依次交错，逐步拧紧。

3）连接控制开关到电动机的接线。

5. 通电试车

用万用表的欧姆档，量程选择 R×100 或 R×1k，闭合 QF，分别测量 L1-U，L2-V，L3-W 三个电阻值无误后，先接好电动机和保护接地线（PE），再连接三相电源，经教师检查合格后进行通电试运行。

 职业安全提示

安装电路注意事项

1. 电动机使用的电源电压和绕组的接法必须与铭牌上规定的一致。

2. 接线时，必须先接负载端，后接电源端；先接保护接地线，后接三相电源线。

3. 通电试运行时，若发生异常情况应立即断电检查。

4. 熔断器的额定电压不能小于线路的额定电压，熔断器的额定电流不能小于所装熔体的额定电流。

6. 现场整理

电路安装完毕，将工具放回原位摆放整齐，清理、整顿工作现场。

任务二　电气控制电路图识读与绘制

通过本任务的学习，应了解电气控制系统图的分类，会分析电气原理图，能读懂电路所表达的含义。以点动控制电路为例学习电气原理图、电器布置图和电气接线图的绘制规则。会按所给的电气原理图绘制电气接线图。

一、识读电气控制系统图

电气控制系统图是一种统一的工程语言，它采用统一的图形符号和文字符号来表达电气设备控制系统的组成结构、工作原理及安装、调试和检修等技术要求。一般包括电气原理图、电器布置图和电气接线图。我国现行电气图形标准为 GB/T 4728—2008~2018《电气简图用图形符号》。

1. 电气原理图

电气原理图是采用图形符号和项目代号并按工作顺序排列，详细表明设备或成套装置的组成和连接关系及电气工作原理，而不考虑其实际位置的一种简图。电气原理图一般由主电路、控制电路、辅助电路、保护及联锁环节以及特殊控制电路等部分组成。点动控制电路电气原理图如图 13-12 所示。

点动控制
电路

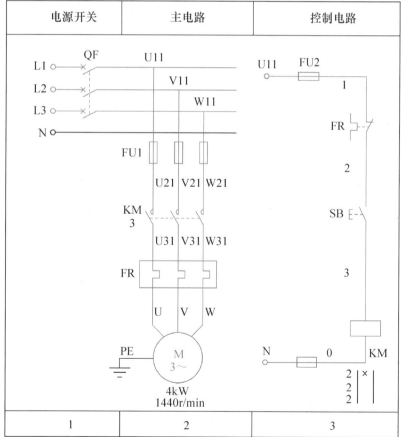

图 13-12　点动控制电路电气原理图

最上面一行为功能栏，简要说明各部分的功能。最下面一行为分区栏。

图中 $\overset{KM}{3}$ 表示交流接触器 KM 的线圈在第 3 区。KM 下面分三栏并用竖线隔开，最左栏代表主触头所在区，中间栏代表常开辅助触头所在区，最右栏代表常闭辅助触头所在区。如图中 $\overset{KM}{\underset{2}{2}\ \overset{\times}{|}}$ 表示交流接触器 KM 有 3 对主触头，1 对辅助常开触头，0 对辅助常闭触头，其中 3 对主触头在第 2 区，1 对常开辅助触头未使用。

点动控制是指按下按钮，电动机就得电运转；松开按钮，电动机就断电停转。当电动机需要点动时，先合上低压断路器 QF，按下按钮 SB，接触器 KM 线圈得电，常开主触头 KM 闭合，电动机起动运行；松开按钮时，接触器 KM 线圈断电，接触器的主触头 KM 断开，电动机停转。

2. 电器布置图

电器布置图是根据电器元件在控制板上的实际安装位置，采用简化的外形符号（如正方形、矩形、圆形等）而绘制的一种简图。它不表达各电器元件的具体结构、作用、接线情况以及工作原理，主要用于电器元件的布置和安装。图中各电器元件的文字符号必须与电路图和接线图的标志相一致。点动控制电路电器布置图如图 13-13 所示。

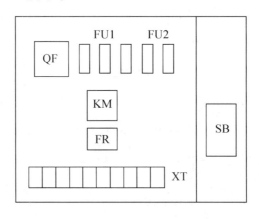

图 13-13　点动控制电路电器布置图

3. 接线图

电气接线图是根据电气设备和电器元件的实际位置和安装情况绘制的，只用来表示电气设备和电器元件的位置、配线方式和接线方式，而不明显表示电气动作原理，主要用于安装接线、线路的检查维修和故障处理。点动控制电路电气接线图如图 13-14 所示。

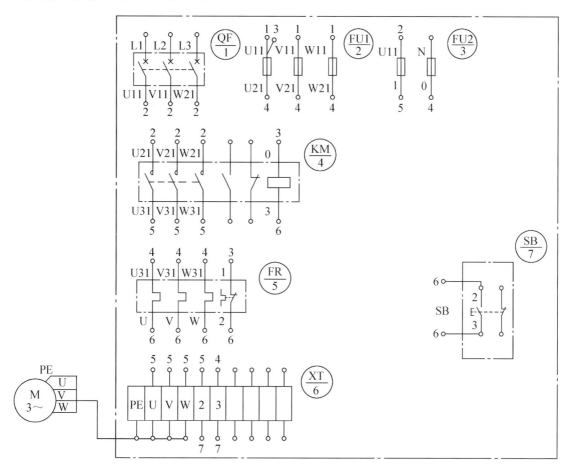

图 13-14 点动控制电路电气接线图

 职业标准链接

接线图的绘制规则

❖ 电器元件的图形符号、文字符号应与电气原理图标注完全一致。同一电器元件的各个部件必须画在一起，并用点画线框起来。各电器元件的位置应与实际位置一致。

❖ 各电器元件上凡需接线的部件端子都应绘出，控制板内外元器件的电气连接一般要通过端子排进行，各端子的标号必须与电气原理图上的标号一致。

❖ 走向相同的多根导线可用单线或线束表示。

❖ 接线图中应标明连接导线的规格、型号、根数、颜色和穿线管的尺寸等。

4. 电气接线图绘制的简要步骤

绘制电气接线图时一般按如下四个步骤进行。

（1）标线号　在原理图上定义并标注每一根导线的线号。主电路线号通常采用字母加数字的方法标注，控制电路线号采用数字标注。控制电路标注线号时可以在继电-接触器线圈上方或左方的导线标注奇数线号，线圈下方或右方的导线标注偶数线号；也可以按由上到下、由左到右的顺序标注线号。线号标注的原则是每经过一个电器元件，变换一次线号（不含接线端子）。

（2）画元器件框及符号　依照安装位置，在接线图上画出元器件的电气符号图形及外框。

（3）分配元器件编号　给各个元器件编号，元器件编号用多位数字表示，将元器件编号连同电气符号标注在元器件方框的斜上方（左上角或右上角）。

（4）填充连线的去向和线号　在元器件连接导线的线侧和线端标注线号和导线去向（元器件编号）。

二、工作准备

使用工具：铅笔、直尺、橡皮。

资料准备：某电路的电气原理图（图 13-15）、电器布置图（图 13-16）。

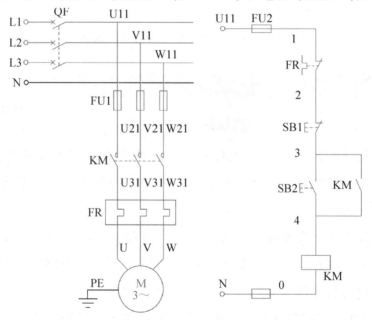

图 13-15　电气原理图

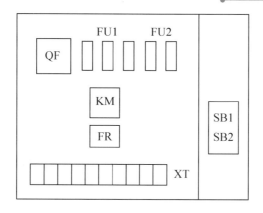

图 13-16 电器布置图

三、绘制电气接线图

（1）标线号 对照图 13-15 所示的电气原理图，在图 13-17 上面补全线号。

（2）画元器件框及符号 该步骤图 13-17 已完成。

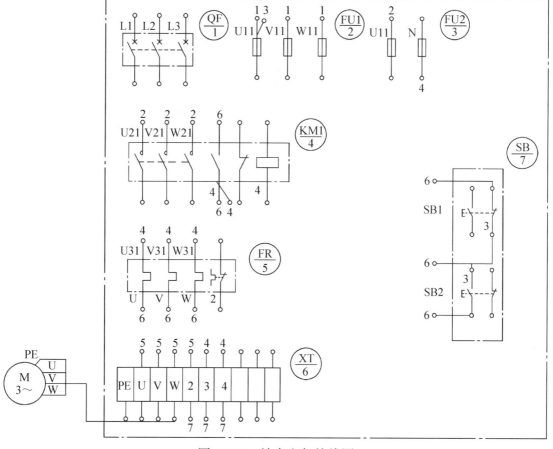

图 13-17 补全电气接线图

（3）分配元器件编号　该步骤图 13-17 已完成。

（4）填充连线的去向和线号　按照接线图的绘制原则，补全图 13-17 所示的接线图。

绘制完成后可以和任务三中图 13-21 进行比较，发现错误后自行更正。

任 务 三　单向连续运行控制电路安装

三相异步电动机的单向连续运行控制在生产中应用最广泛，其控制电路的原理及安装与维修技能是维修电工必须掌握的基础知识和基本技能。根据图 13-18 所示的单向连续运行控制电路实物图，仔细观察找出任务一中出现过的电器元件。在本任务中将要学到的元器件有按钮、交流接触器、热继电器。

图 13-18　单向连续运行控制电路实物图

1—按钮控制台　2—按钮　3—热继电器　4—交流接触器

一、识读电路系统图

1. 电气原理图

单向连续运行控制电路电气原理图如图 13-19 所示。

电路工作原理如下：

合上断路器 QF，起动时按下起动按钮 SB2，接触器 KM 线圈得电，其主触头闭合，电动机起动运转，同时 KM 常开辅助触头闭合自锁；松开 SB2 后，由于接触器 KM 常开辅助触头闭合自锁，控制电路仍保持接通，电动机继续运转。停止时，按下停止按钮 SB1，接触器 KM 线圈断电，其主触头、常开辅助触头断开，电动机停转。

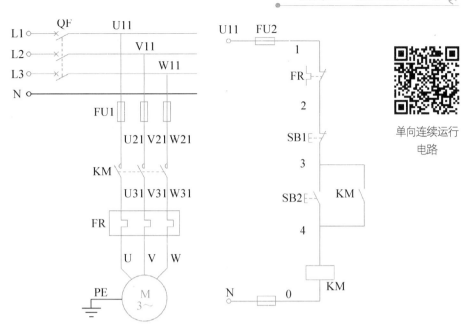

图 13-19　单向连续运行控制电路电气原理图

单向连续运行
电路

特别提示

❖ 通常将这种用接触器本身的触头来使其线圈保持通电的环节称为"自锁"环节。与起动按钮 SB2 并联的这种 KM 的常开辅助触头称为自锁触头。

❖ 具有按钮和接触器并能自锁的控制电路，还具有欠电压保护与失电压（零压）保护作用。

❖ 该电路通过熔断器实现短路保护，通过热继电器实现过载保护。

2. 布置图

单向连续运行控制电路电器布置图如图 13-20 所示。

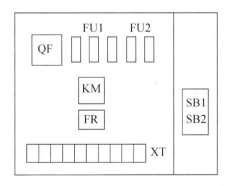

图 13-20　单向连续运行控制电路电器布置图

3. 接线图

单向连续运行控制电路电气接线图如图 13-21 所示。

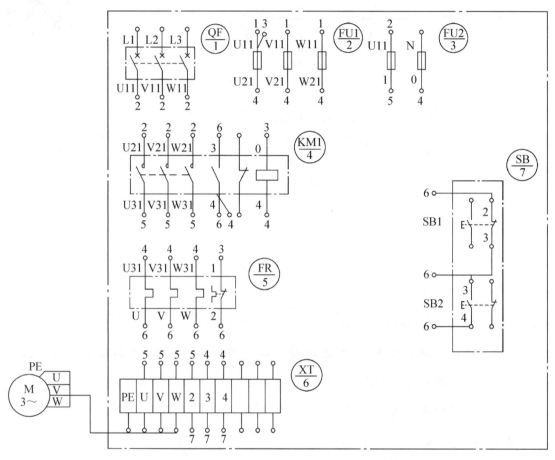

图 13-21　单向连续运行控制电路电气接线图

二、材料准备

1. 准备工具器材

元器件清单见表 13-5。

表 13-5　单向连续运行控制电路元器件清单

序　号	名　称	型号与规格	单　价	数　量	金　额
1	三相异步电动机	Y112M-4，4kW，380V，8.8A		1 台	
2	熔断器	RT18-32，500V，配 20A 和 6A 熔体		5 只	
3	低压断路器	DZ47-63，380V，20A		1 只	

（续）

序 号	名 称	型号与规格	单 价	数 量	金 额
4	交流接触器	CJX2-1810，线圈电压220V		1只	
5	接触器辅助触头	F4-22（LA1-DN22）		1只	
6	热继电器	JRS1-09-25/Z（LR2-D13），整定电流9.6A，配底座		1只	
7	按钮	LA18-22，5A，红色、绿色各1		2只	
8	端子排	TB1510L，600V		1条	
9	导轨	35mm×200mm		若干	
10	木螺钉	ϕ3mm×20mm；ϕ3mm×15mm		若干	
11	塑料硬铜线	BV-2.5mm^2，BV-1.5mm^2（颜色自定）		若干	
12	塑料软铜线	BVR-1.0mm^2（颜色自定）		若干	
13	保护接地线（PE）	BVR-1.5mm^2，黄绿双色		若干	
14	编码套管	自定		若干	
15	扎带	150mm		若干	
合计					元

请同学们到市场询价或到网上查询，填好表13-5中的单价及金额，核算出完成该项目的成本。

2. 检查电器元件

1）检查所用的电器元件的外观，应完整无损，附件、备件齐全。

2）在不通电情况下，用万用表检查各元器件触头的分、合情况。

3）用手同时按下接触器的三个主触头，注意要用力均匀。检验操作机构是否灵活、有无衔铁卡阻现象。

4）检查接触器线圈的额定电压与电源是否相符。

三、元器件的识别与检测

从外形、符号、型号、安装使用等方面认识按钮、接触器、热继电器。

1. 按钮

按钮是一种短时接通或分断小电流电路的电器。按钮的触头允

按钮

许通过的电流较小，一般不超过 5A，因此一般情况下它不直接控制主电路的通断，而是在控制电路中发出指令或信号去控制接触器、继电器等电器，再由它们去控制主电路的通断、功能转换或电气联锁。

图 13-22 所示为 LA19 系列按钮的外形、结构与符号。

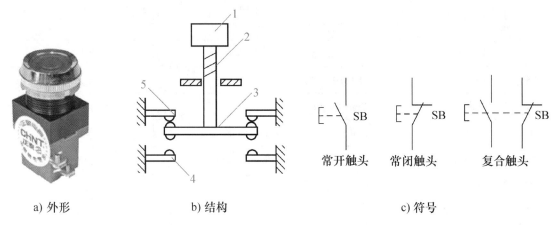

a) 外形　　　　　　　　b) 结构　　　　　　　　c) 符号

图 13-22　LA19 系列按钮的外形、结构与符号

1—按钮帽　2—复位弹簧　3—动触头　4—常开静触头　5—常闭静触头

按钮一般是由按钮帽、复位弹簧、动触头、静触头、外壳及支柱连杆等组成。

常用的控制按钮有 LA10、LA18、LA19、LA20 及 LA25 等系列。其中 LA18 系列采用积木式结构，触头数目可按需要拼装至六常开六常闭，一般拼装成二常开二常闭。LA19、LA20 系列有带指示灯和不带指示灯两种，前者按钮帽用透明塑料制成，兼作指示灯罩。按钮按照结构形式可分为开启式（K）、保护式（H）、防水式（S）、防腐式（F）、紧急式（J）、钥匙式（Y）、旋钮式（X）和带指示灯式（D）等。

2. 接触器

接触器是一种用来自动接通或断开大电流电路并可实现远距离控制的电器。它不仅具有欠电压和失电压保护功能，而且还具有控制容量大、过载能力强、寿命长、设备简单经济等特点，在电力拖动控制电路中得到了广泛应用。

接触器按主触头通过电流的种类分为交流接触器和直流接触器两类。下面介绍交流接触器的外形、符号、结构原理和安装使用。

交流接触器

（1）外形和符号 交流接触器外形和符号如图 13-23 所示。

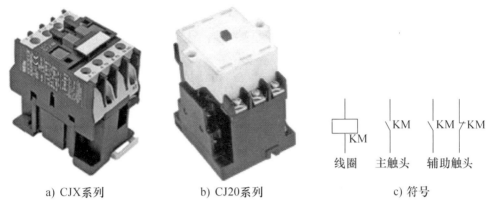

a) CJX系列   b) CJ20系列   c) 符号

图 13-23 交流接触器外形和符号

（2）结构、原理 交流接触器由电磁系统、触头系统、灭弧装置及辅助部件构成。CJX 系列交流接触器结构如图 13-24 所示。

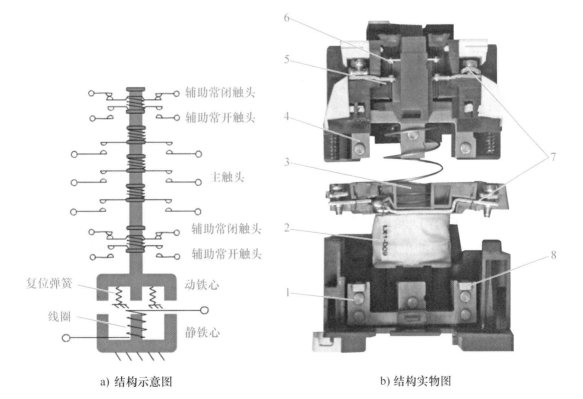

a) 结构示意图   b) 结构实物图

图 13-24 CJX 系列交流接触器结构

1—静铁心 2—线圈 3—复位弹簧

4—动铁心 5—静触头 6—动触头 7—接线端子 8—短路环

接触器的工作原理简述如下：线圈通电后，在铁心中产生磁通及电磁吸力。此电磁吸力克服弹簧反力使得衔铁吸合，带动触头机构动作，使得常闭触头断开，常开触头闭合。线圈断电或线圈两端电压显著降低时，电磁吸力小于弹簧反力，使得衔铁释放，触头机构恢复常态。

（3）型号　交流接触器的型号及含义如下：

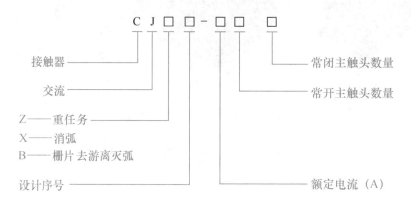

如 CJX2-1810 表示交流接触器额定电流 18A，1 对常开触头，无常闭触头。

（4）检测

1）外观检查，外壳有无裂纹，各接线桩螺栓有无生锈，零部件是否齐全。

2）交流接触器的电磁机构动作是否灵活可靠，有无衔铁卡阻等不正常现象。检查接触器触头有无熔焊、变形、严重氧化锈蚀现象，触头应光洁平整、接触紧密，防止粘连、卡阻。

3）用万用表检查电磁线圈的通断情况。线圈直流电阻若为零，则线圈短路；若为∞，则线圈断路，以上两种情况均不能使用。

4）核对接触器的电压等级、电流容量、触头数目及开闭状况等。

（5）安装使用

交流接触器接线前需要先分清哪些接线端对应哪些部件，交流接触器各接线端子在器身均有标注，如图 13-25 所示。线圈对应 A1、A2，三对主触头分别是（1-2、3-4、5-6），其中在进线端分别标有 L1、L2、L3，在出线端分别标有 T1、T2、T3，标有"NO"字样的为辅助常开触头，如图中（13-14、

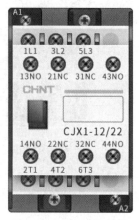

图 13-25　交流接触器标注

43-44），标有"NC"字样的为辅助常闭触头，如图中（21-22、31-32）。

 职业标准链接

交流接触器安装规范

❖ 交流接触器一般应安装在垂直面上，倾斜度不得超过5°；若有散热孔，则应将有孔的放在垂直方向上，以利散热，并按规定留有适当的飞弧空间，以免飞弧烧坏相邻电器。

❖ 安装和接线时，注意不要将零件失落或掉入接触器内部。安装孔的螺钉应装有弹簧垫圈和平垫圈，并拧紧螺钉以防振动松脱。

❖ 安装完毕并检查接线正确无误后，在主触头不带电的情况下操作几次，然后测量接触器的动作值和释放值，所测数值应符合产品的规定要求。

3. 热继电器

热继电器是利用电流的热效应对电动机或其他用电设备进行过载保护的控制电器。它主要用作电动机的过载保护、断相保护、电流不平衡运行的保护及其他电气设备发热状态的控制。

热继电器有多种形式，如双金属片式、热敏电阻式、易熔合金式。其中双金属片式应用最多。热继电器按极数不同分为单极、两极和三极；按复位方式不同分为自动复位式和手动复位式。

热继电器

（1）外形、结构和符号　热继电器外形和符号如图13-26所示。

a) T系列

b) JR20系列

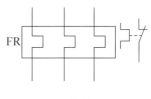
c) 符号

图13-26　热继电器外形和符号

热继电器的结构示意图如图13-27所示。

189

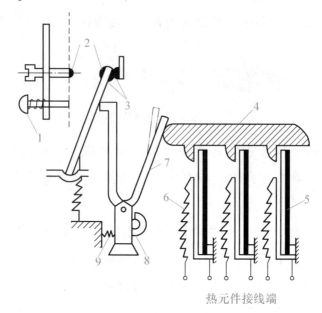

热元件接线端

图 13-27　热继电器的结构示意图

1—复位按钮　2—常开触头　3—常闭触头　4—导板　5—双金属片

6—热元件　7—补偿双金属片　8—偏心轮　9—弹簧

（2）型号　热继电器的型号及含义如下：

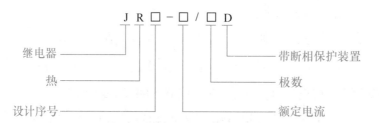

目前我国生产中常用的热继电器有 JRS1、JR20 等系列以及引进的 T 系列、3UA 系列产品，均为双金属片式，其中 JR20 和 T 系列是带有差动断相保护机构的热继电器。

（3）整定电流　所谓整定电流，是指热继电器连续工作而不动作的最大电流。热继电器的整定电流大小可通过旋转整定电流调节旋钮来调节。

热继电器的整定电流为电动机额定电流的 0.95~1.05 倍，但若电动机拖动的是冲击性负载，或在起动时间较长及拖动的设备不允许停电的场合，热继电器的整定电流可取 1.1~1.5 倍电动机的额定电流。如果电动机的过载能力较差，热继电器的整定电流可取 0.6~0.8 倍电动机的额定电流。

（4）安装使用　热继电器在电路中只能做过载保护，不能做短路保护。因为由于热惯性，双金属片从升温到发生弯曲直到常闭触头断开需要一段时间，不能在短路瞬间分断电路。也正是这个热惯性，使电动机起动或短时过载时，热继电器不会误动作。

热继电器各接线端子在器身均有标注，如图 13-28 所示。三组热元件对应（1-2、3-4、5-6），其中在进线端分别标有 L1、L2、L3，在出线端分别标有 T1、T2、T3。在电动机控制电路中，热元件一般串联到电动机主电路中。图中所示常闭触头为（95-96），常开触头为（97-98）。

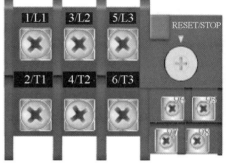

图 13-28　热继电器标注

 职业标准链接

热继电器安装规范

❖ 热继电器应安装在其他电器的下方，以防止其他电器发热而影响其动作的准确性。

❖ 热继电器可以安装在底座上，然后固定到导轨上，也可以和接触器直接连接。

四、控制电路的安装

1. 安装元器件

按图 13-20 所示的电器布置图安装电器元件，并贴上醒目的文字符号。安装电器元件的工艺要求如下。

 职业标准链接

电器元件安装的工艺要求

❖ 各电器元件的安装位置应以整齐、匀称、间距合理和便于更换为原则。

❖ 组合开关、熔断器的受电端子应安装在控制板的外侧。

❖ 紧固各元器件时，用力要均匀，紧固程度应适当。对熔断器、接触器

等易碎裂元器件进行紧固时，应用螺钉旋具轮换旋紧对角线上的螺钉，并掌握好旋紧度，以手摇不动后再适当旋紧些即可。

❖ 若有需要导轨固定的元器件，应先固定好导轨，并将低压断路器、熔断器、接触器、热继电器等安装在导轨上。

❖ 低压断路器的安装应正装，向上合闸为接通电路。

❖ 熔断器安装时应使电源进线端在上。

2. 布线

按图 13-21 所示的电气接线图进行板前明线布线。板前明线布线工艺要求如下。

 职业标准链接

板前明线布线工艺要求

❖ 走线通道应尽量少，同时将并行导线按主电路、控制电路分类集中，单层平行密排，紧贴敷设面。

❖ 同一平面上的导线应高低一致或前后一致，不能交叉。若必须交叉时，该根导线应在接线端子引出前就水平架空跨越，并应走线合理。

❖ 布线应横平竖直，分布均匀。变换走向时应垂直。

❖ 布线时，严禁损伤线芯和导线绝缘。

❖ 布线顺序一般以接触器为中心，由里向外、由低至高，先控制电路、后主电路，以不妨碍后续布线为原则。

❖ 在每根剥去绝缘层导线的两端套上编码套管。若电路简单可不套编码套管。所有从一个接线端子到另一个接线端子的导线必须连续，中间无接头。

❖ 导线与接线端子连接时，应不反圈、不压绝缘层和不露铜过长，同时做到同一元器件、同一回路的不同接点的导线间距保持一致。

❖ 一个接线端子上的连接导线不能超过两根，一般只允许连接一根。

3. 自检电路

安装完毕后的控制电路板，必须经过认真检查后才允许通电试车。

（1）检查导线连接的正确性　按电路图或接线图从电源端开始，逐段核对接线端子处线号是否正确，有无漏接、错接之处。检查导线接点是否符合要求，压接是否牢固。

（2）用万用表检查电路的通断情况　按照表 13-6，用万用表检测安装好的电路，万用表选择合适档位并进行欧姆调零，如果测量结果与正确值不符，应根据电路图和接线图检查是否有错误接线。

1）检测控制电路，测试结果可参考表 13-6。

表 13-6　单向连续运行控制电路检测

操作方法	U11-N 电阻	说　　明
断开 FU1，常态下不动作任何元器件	∞	U11-N 不通，控制电路不得电
按下起动按钮 SB2	线圈直流电阻	U11-N 接通，控制电路 KM 线圈得电
按下接触器可动部分	线圈直流电阻	U11-N 接通，控制电路 KM 线圈得电
按下接触器可动部分，并按下 SB1	∞	U11-N 断开，控制电路断电

2）检测主电路，检查步骤可参考表 13-7。

表 13-7　单向连续运行主电路检测

操作方法		正确阻值	测　量　值	备　　注
合上 QF，断开 FU2，分别测量接线端子的 L1 与 U、L2 与 V、L3 与 W 之间的阻值	常态下，不动作任何元器件	均为 ∞		
	压下 KM 的可动部分	阻值均为 R		

注：若先接好电动机，设电动机每相绕组的直流电阻为 R，当电动机绕组作丫形联结时，压下 KM 的可动部分测量的阻值约为 $2R$；当电动机作△形联结时，则阻值约为 $2R/3$。（想一想为什么。）

3）用绝缘电阻表检查电路的绝缘电阻应不小于 $1M\Omega$。

4. 接好电动机

按电动机铭牌上要求的绕组联结方式接好电动机。

5. 教师检查

学生自检后，请教师检查，无误后方可连接好三相电源，通电试车。

6. 通电试车

1）清理好台面。

2）提醒同组人员注意。

3）通电试车时，旁边要有教师监护，如出现故障应及时断电，检修并排除

故障。若需再次通电，也应有教师在现场进行监护。

4）试车完毕，要先断开电源后拆线。

 职业安全提示

安装电路注意事项

1. 电动机及按钮的金属外壳必须可靠接地。

2. 熔断器和低压断路器接线时，遵循"上进下出"的原则（若使用螺旋式熔断器则遵循"低进高出"的原则）。

3. 按钮内接线时，要拧紧接线桩上的压紧螺钉，但用力不能过猛，以防止螺钉打滑。

4. 热继电器的整定电流应按电动机的额定电流进行整定，一般情况下，热继电器应置于手动复位的位置上。

5. 热继电器因电动机过载动作后，若需再次起动电动机，必须待热元件冷却后，才能按下复位按钮复位。

五、清理现场

实训结束后清理现场，收好工具、仪表，整理实训台。

六、项目评价

将本项目的评价与收获填入表 13-8 中。其中规范操作方面可对照附录 B 给出的控制电路安装调试评分标准进行。

表 13-8 项目的过程评价表

评价内容	任务完成情况	规范操作	参与程度	6S 执行情况
自评分				
互评分				
教师评价				
收获与体会				

项目十四 三相异步电动机正反转控制电路安装

任务一 正反转控制电路安装

任务二 正反转控制电路检修

职业岗位应知应会目标…

知识目标：

➢ 了解电气原理图、电器布置图和电气接线图相关知识

➢ 掌握线槽布线的工艺要求

技能目标：

➢ 能正确安装电动机正反转控制电路

➢ 能自检电路

➢ 能根据故障现象，检修电动机正反转控制电路

素养目标：

➢ 严谨认真、规范操作

➢ 合作学习、质量意识

➢ 安全意识、爱岗敬业、工匠精神

　　单向连续运行控制电路只能使电动机朝一个方向旋转，但许多生产机械往往要求运动部件能向正、反两个方向运动。如自动伸缩门的开门与关门、机床工作台的前进与后退、主轴的正转与反转、起重机的上升与下降等，这些生产机械要求电动机能实现正、反转控制。

　　当改变通入电动机定子绕组的三相电源相序，即将接入电动机三相电源进线中的任意两相对调接线时，就可使三相异步电动机反转。

任务 一　正反转控制电路安装

一、识读电气系统图

正反转控制
电路

　　1. 电气原理图

　　按钮、接触器双重联锁正反转控制电路操作方便、安全可靠，应用非常广泛。电气原理图如图 14-1 所示。双重联锁是指既有按钮联锁又有接触器联锁。

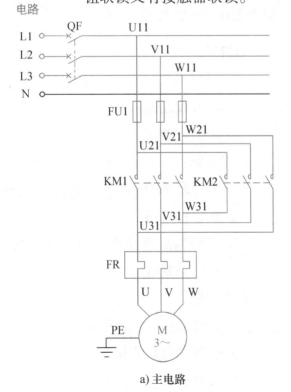

a) 主电路

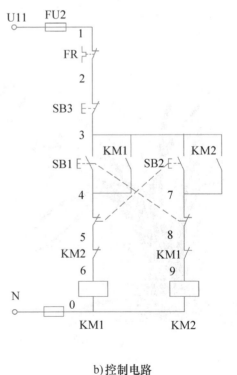

b) 控制电路

图 14-1　按钮、接触器联锁正反转控制电路电气原理图

双重联锁的正反转控制电路工作原理如下：合上断路器 QF，进行正转控制时，

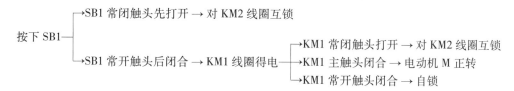

由正转直接到反转时，

若要停止，按下 SB3，整个控制电路断电，主触头分断，电动机 M 断电停转。

2. 布置图

双重联锁正反转控制电路布置图如图 14-2 所示。

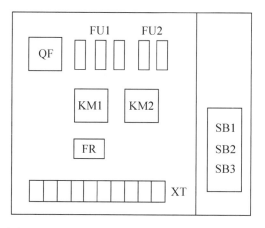

图 14-2　双重联锁正反转控制电路布置图

双重联锁
正反转
控制电路

3. 接线图

双重联锁正反转控制电路接线图如图 14-3 所示。

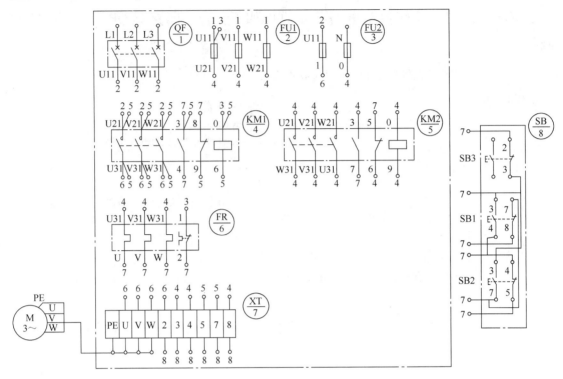

图 14-3　双重联锁正反转控制电路接线图

二、器材准备

1. 准备工具器材

按钮、接触器双重联锁正反转控制电路所用电路元器件见表 14-1。

表 14-1　双重联锁正反转控制电路元器件清单

序号	名　称	型号与规格	单价	数　量	金　额
1	三相异步电动机	Y112M-4，4kW，380V，8.8A		1台	
2	熔断器	RT18-32，500V，配 20A 和 6A 熔体		5只	
3	低压断路器	DZ47-63，380V，20A		1只	
4	交流接触器	CJX2-1810，线圈电压 220V		1只	
5	接触器辅助触头	F4-22（LA1-DN22）两常开两常闭		1只	
6	热继电器	JRS1-09-25/Z（LR2-D13），整定电流 9.6A，配底座		1只	
7	按钮	LA18-22，5A，颜色自定		3只	
8	端子排	TB1510L，600V		1条	

（续）

序　号	名　　称	型号与规格	单　价	数　量	金　额
9	导轨	35mm×200mm		若干	
10	木螺钉	ϕ3mm×20mm；ϕ3mm×15mm		若干	
11	塑料硬铜线	BV-2.5mm²，BV-1.5mm²（颜色自定）		若干	
12	塑料软铜线	BVR-0.75mm²（颜色自定）		若干	
13	保护接地线（PE）	BVR-1.5mm²，黄绿双色		若干	
14	编码套管	自定		若干	
15	扎带	150mm		若干	
合计					元

请同学们到市场询价或到网上查询，填好表 14-1 中的单价及金额，核算出完成该项目的成本。

2. 检测元器件

按表 14-1 配齐所用电器元件，并进行质量检验。电器元件应完好无损，各项技术指标符合规定要求，否则应予以更换。

三、电路安装与调试

1. 安装、接线

安装电器元件的工艺要求和板前明线布线的工艺要求见项目十三的任务三。

2. 自检电路

安装完毕的控制电路板，必须按要求进行认真检查，确保无误后才允许通电试车。

（1）检查导线连接的正确性　按照电路图、接线图，从电源端开始，逐段核对接线有无漏接、错接之处，检查导线接点是否符合要求，压接是否牢固，以免带负载运行时产生闪弧现象。

（2）用万用表检查电路通断情况　用手动操作来模拟触头分合动作，用万用表检查电路通断情况。控制电路和主电路要分别检查。

检查前先取下主电路 FU1 的熔体，断开控制电路和主电路。检查控制电路时可参见表 14-2。

表 14-2　双重联锁正反转控制电路检测

项　　目	U11-N 电阻	说　　明
断开电源和主电路	∞	U11-N 不通，控制电路不得电
按下按钮 SB1	线圈直流电阻	U11-N 接通，控制电路 KM1 线圈得电
按下接触器 KM1 可动部分	线圈直流电阻	U11-N 接通，控制电路 KM1 能自锁
按下按钮 SB2	线圈直流电阻	U11-N 接通，控制电路 KM2 线圈得电
按下接触器 KM2 可动部分	线圈直流电阻	U11-N 接通，控制电路 KM2 能自锁
按下接触器 KM1 可动部分，并按下 SB3	∞	U11-N 断开，正转时按下 SB3，电动机停转
按下接触器 KM2 可动部分，并按下 SB3	∞	U11-N 断开，反转时按下 SB3，电动机停转

检查主电路时，装上 FU1 的熔体，断开 FU2，用万用表分别测量断路器 QF 下接线端 U11-V11、V11-W11、W11-U11 之间的电阻，应均为断路（$R \rightarrow \infty$）。若某次测量结果为短路（$R \rightarrow 0$），这说明所测两相之间的接线有短路现象；若某次测量结果为断路（$R \rightarrow \infty$），这说明所测两相之间的接线有断路情况，应仔细检查，找出断路点，并排除故障。结果可参见表 14-3。

表 14-3　双重联锁正反转主电路检测

项　　目	U11-V11 电阻	V11-W11 电阻	W11-U11 电阻
合上 QF，未做其他操作	∞	∞	∞
按下接触器 KM1 的可动部分	R	R	R
按下接触器 KM2 的可动部分	R	R	R

注：R 值大小与电动机的绕组联结方式有关，若为丫联结，则 R 为 2 倍线圈直流电阻；若为△联结，则 R 为 2/3 倍线圈直流电阻。

3. 安装电动机

安装电动机时应做到安装牢固平稳，以防止在换向时产生滚动而引起事故；连接电动机和按钮金属外壳的保护接地线；连接电动机、电源等控制板外部的导线。电动机连接线采用绝缘良好的橡皮线进行通电校验。

4. 通电试车

通过上述的各项检查，确认电路完全合格后，清点工具材料，清除安装板上的线头杂物，检查三相电源，将热继电器按照电动机的额定电流整定好，在一人操作一人监护下通电试车。

职业安全提示

安装电路注意事项

1）连接好电源。

2）提醒同组人员注意。

3）通电试车，如出现故障应立即按下急停按钮，重新检测，排除故障。

4）通电试车后，断开电源，先拆除三相电源线，再拆除电动机负载线。配电板上电路不拆，留待故障检修训练使用。

任务二 正反转控制电路检修

一、电动机基本控制电路故障检修的一般步骤和方法

电气控制电路的故障一般可分为自然故障和人为故障两大类。自然故障是由于电气设备在运行时过载、振动、锈蚀、金属屑和油污侵入、散热条件恶化等原因，造成电气绝缘下降、触头熔焊、电路接点接触不良，甚至发生接地或短路而形成的。人为故障是由于在安装控制电路时布线、接线错误，在维修电气故障时没有找到真正原因或者修理操作不当，不合理地更换元器件或改动电路而形成的。一旦电路发生故障，轻者会使电气设备不能工作，影响生产；重者会造成人身、设备伤害事故。作为电气设备操作人员，一方面应加强电气设备日常维护与检修，严格遵守电气操作规范，消除隐患，防止故障发生；另一方面还要在故障发生后，保持冷静，及时查明原因并准确地排除故障。

1. 电气控制电路故障检修的一般步骤

1）确认故障发生，并分清此故障是属于电气故障还是机械故障。

2）根据电气原理图，认真分析发生故障的可能原因，大概确定故障发生的可能部位或回路。

3）通过一定的技术、方法、经验和技巧找出故障点。这是检修工作的重点和难点。由于电气控制电路结构复杂多变，故障形式多种多样，因此要快速、准确地找出故障点，要求操作人员既要学会灵活运用"看"（看是否有明显损坏

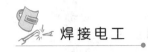

或其他异常现象）、"听"（听是否有异常声音）、"闻"（闻是否有异味）、"摸"（摸是否发热）、"问"（向有经验的老师傅请教）等检修经验，又要弄懂电路原理，掌握一套正确的检修方法和技巧。

2. 电气控制电路故障的常用分析方法

电气控制电路故障的常用分析方法有：调查研究法、试验法、逻辑分析法和测量法。

（1）调查研究法　调查研究法就是通过"看""听""闻""摸""问"，了解明显的故障现象；通过走访操作人员，了解故障发生的原因；通过询问他人或查阅资料，帮助查找故障点的一种常用方法。这种方法效率高、经验性强、技巧性大，需要在长期的生产实践中不断地积累和总结。

（2）试验法　试验法是在不损伤电器和机械设备的条件下，以通电试验来查找故障的一种方法。通电试验一般采用"点触"的形式进行。若发现某一电器元件动作不符合要求，即说明故障范围在与此电器元件有关的电路中，然后在这部分故障电路中进一步检查，便可找出故障点。有时也可采用暂时切除部分电路（如主电路）的方法，来检查各控制环节的动作是否正常。但必须注意不要随意用外力使接触器或继电器动作，以防引起事故。

（3）逻辑分析法　逻辑分析法是根据电气控制电路的工作原理、控制环节的动作程序以及它们之间的联系，结合故障现象进行故障分析的一种方法。它以故障现象为中心，对电路进行具体分析，提高了检修的针对性，可收缩目标，迅速判断故障部位，适用于对复杂电路的故障检查。

（4）测量法　测量法是利用校验灯、试电笔、万用表、蜂鸣器、示波器等对电路进行带电或断电测量的一种方法。

电气控制电路的故障检修方法不是千篇一律的，各种方法可以配合使用，但不要生搬硬套。一般情况下，调查研究法能帮助人们找出故障现象；试验法不仅能找出故障现象，还能找到故障部位或故障回路；逻辑分析法是缩小故障范围的有效方法；测量法是找出故障点最基本、最可靠和最有效的方法。在实际检修工作中，应做到每次排除故障后，及时总结经验，做好检修记录，作为档案以备日后维修时参考。并要通过对历次故障的分析和检修，采取积极有效的措施，防止再次发生类似的故障。

二、控制电路故障检修

1. 故障设置

在主电路和控制电路中人为设置电气故障各 1 处。

2. 教师示范检修

教师进行示范检修时，可把下述检修步骤及要求贯穿其中，直至故障排除。

1）用试验法来观察故障现象。主要注意观察电动机的运行情况、接触器的动作和电路的工作情况等，如发现有异常情况，应马上断电检查。

2）用逻辑分析法缩小故障范围，并在电路图上用虚线标出故障部位的最小范围。

3）用测量法正确、迅速地找出故障点。

4）根据故障点的不同情况，采取正确的修复方法，迅速排除故障。

5）排除故障后通电试车。

3. 学生检修

教师示范检修后，再由教师重新设置两个故障点，让学生进行检修。在学生检修的过程中，教师可进行启发性的示范指导。

 职业安全提示

电路检修注意事项

1. 要遵守安全操作规定，不得随意触动带电部位，要尽可能在切断电源的情况下进行检测。

2. 用电阻测量方法检查故障时，一定要先切断电源。

3. 用测量法检查故障点时，一定要保证测量工具和仪表完好，使用方法正确。

三、清理现场

实训结束后清理现场，收好工具、仪表，整理实训台，做好维修记录。

四、项目评价

将本项目的评价与收获填入表 14-4 中。其中规范操作方面可对照附录 C 给

出的控制电路维修评分标准进行。

表 14-4　项目的过程评价表

评 价 内 容	任务完成情况	规 范 操 作	参 与 程 度	6S 执行情况
自评分				
互评分				
教师评价				
收获与体会				

职业技能指导 4　绝缘电阻表的使用

绝缘电阻表又称兆欧表，俗称摇表，是电工常用的一种测量仪表。兆欧表主要用来检查电气设备、家用电器或电气线路对地及相间的绝缘电阻，以保证这些设备、电器和线路工作在正常状态，避免发生触电伤亡及设备损坏等事故。绝缘电阻表的外形如图 14-4 所示。

a) 指针式绝缘电阻表　　　　b) 数字式绝缘电阻表

图 14-4　绝缘电阻表的外形

1. 绝缘电阻表的选择

绝缘电阻表是用来测量电气设备绝缘电阻的，计量单位是 $M\Omega$。测量额定电压在 500V 以下的设备或线路的绝缘电阻时，可选用 500V 或 1000V 兆欧表；测量额定电压在 500V 以上的设备或线路的绝缘电阻时，应选用 1000~2500V 兆欧表；测量绝缘子时，应选用 2500~5000V 绝缘电阻表。

2. 测量步骤

（1）准备

1）接线端头与被测物之间的连接导线应采用单股线，不宜用双股线，以免因双股线之间的绝缘影响读数。

2）切断被测电气设备的电源，决不允许带电测量。

3）测试前将被测端头短路放电。

4）测量前用干净的布或棉纱擦净被测物。

（2）检测

1）将绝缘电阻表放在水平位置并要求放置平稳，L、G 端头开路时指针应指向"∞"处。

2）将绝缘电阻表的地线 E 和线路 L 短接，慢摇手柄，观察指针是否能指向刻度的零处。如能指向零处，则证明表完好。注意该项检测时间要短。

（3）连接　绝缘电阻表有三个接线端头，分别为"线路"（L）、"接地"（E）、"保护环"或"屏蔽"（G）。测量时，一般只用 L、E 两个接线端头。但在被测物表面漏电较严重时，必须用 G 端头，以消除因表面漏电而引起的误差。

1）测量电动机、变压器等的绕组与机座间的绝缘电阻时，按图 14-5a 接线。

2）测量导线线芯与外皮间的绝缘电阻时，按图 14-5b 接线。

3）测量电缆的绝缘电阻时，按图 14-5c 接线。

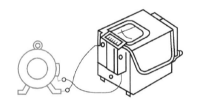
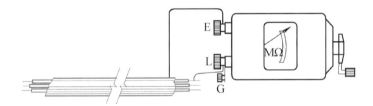

a) 测量绕组与机座间的绝缘电阻　　　　　b) 测量导线线芯与外皮间的绝缘电阻

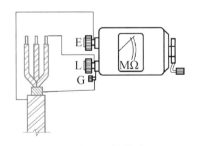

c) 测量电缆的绝缘电阻

图 14-5　绝缘电阻表测量时的接线示意图

（4）测量　顺时针摇动绝缘电阻表的手柄，使手柄逐渐加速到 120r/min 左右，待指针稳定时，继续保持这个速度，使指针稳定 1min，这时的读数就是被

测对象的电阻值。

（5）拆线　测试完毕，要先将 L 线端与被测物断开，然后再停止绝缘电阻表的摇动，防止电容放电损坏绝缘电阻表。且测试完绝缘电阻的电气设备，应将与绝缘电阻表相连的两端放电，以免发生危险。

 阅读材料

熔断器的选择

1. 熔断器类型的选择

根据使用环境和负载性质选择熔断器类型。如照明线路可选择 RC1 系列插入式熔断器，开关柜或配电屏可选 RM10 系列无填料封闭管式熔断器，机床控制电路中可选 RL1 系列螺旋式熔断器，用于半导体功率元件及晶闸管保护时，应选 RLS 或 RS 系列快速熔断器。

2. 熔断器额定电压的选择

熔断器的额定电压必须大于线路的额定电压，额定电流必须大于或等于所装熔体的额定电流。

3. 熔体额定电流的选择

选择熔体额定电流时，可分为以下几种情况。

1）照明、电热负载熔体的额定电流等于或稍大于负载的额定电流。

2）对于不经常起动的单台电动机的短路保护，熔体的额定电流应大于或等于 1.5~2.5（频繁起动选 3~3.5）倍电动机的额定电流，即 $I_{RN} \geqslant (1.5 \sim 2.5) I_N$。

3）对于多台电动机的短路保护，熔体的额定电流应大于或等于其中最大容量电动机的额定电流的 1.5~2.5 倍加上其余电动机额定电流的总和，即 $I_{RN} \geqslant (1.5 \sim 2.5) I_{Nmax} + \sum I_N$

4）熔断器的分断能力应大于电路中可能出现的最大短路电流。

 知识问答

问题：常用低压电器按用途如何分类？

答：根据 GB/T 2900.18—2008《电工术语》，低压电器是指用于交流 50Hz（或 60Hz），额定电压为 1000V 及以下，直流额定电压 1500V 及以下的电路中起通断、保护、控制或调节作用的电器，按用途分为控制电器、配电电器。

控制电器是用于各种控制电路和控制系统的电器，例如接触器、继电器、启动器、主令电器、电磁铁等。

配电电器是用于电能的输送和分配的电器，例如断路器、刀开关、转换开关、熔断器等。

 应知应会要点归纳

第一部分（项目十~项目十一）

1. 电感线圈是用绝缘导线如漆包线或纱包线绕在支架或铁心上制成的。绕在非铁磁性材料做成的骨架上的线圈称为空心电感线圈。

2. 磁铁分为天然磁铁和人造磁铁两类。常见的人造磁铁有条形磁铁、马蹄形磁铁和针形磁铁等。

3. 磁铁两端的磁性最强，磁性最强的地方称为磁极。

4. 磁极之间存在着相互作用力，同名磁极相互排斥，异名磁极相互吸引。

5. 在磁铁外部，磁力线从 N 极到 S 极；在磁铁内部，磁力线从 S 极到 N 极。

6. 通电导体周围存在着磁场，这种现象称为电流的磁效应。

7. 当与线圈交链的磁通发生变化时，线圈中产生的感应电动势的大小与线圈中的磁通变化率成正比。这个规律，就是法拉第电磁感应定律。

8. 线圈上的感应电动势为 $e = -N\dfrac{\Delta\varphi}{\Delta t}$

9. 由于流过线圈本身的电流变化引起的电磁感应现象，称为自感现象，简称自感。这个感应电动势称为自感电动势。

10. 自感电动势的大小与导体中电流的变化速度、线圈形状、尺寸、线圈的匝数有关。

11. 当一个线圈内的电流发生变化时，会在另一个线圈上产生感应电动势，这种现象叫做互感现象，简称互感。由互感产生的电动势称为互感电动势。

12. 按用途不同，变压器分为电力变压器、特种变压器、仪用互感器。

13. 按铁心结构不同，变压器分为心式变压器、壳式变压器。

14. 变压器由铁心和绕组等组成。

15. 铁心构成变压器的磁路系统，并作为变压器的机械骨架。绕组构成变压

器的电路部分。

16. 变压器既可以变换电压，又可以变换电流和阻抗。

17. 焊接用的变压器一般分为陡降和平特性两大类。

18. 自耦调压器在接电源之前，必须把手轮转到零位，使输出为零，以后再慢慢顺时针转动手轮，使输出电压逐步上升。

19. 运行时，电流互感器的二次绕组绝对不允许开路。

20. 电压互感器的二次绕组在使用时绝对不允许短路。

21. 弧焊电源根据其各自的特点可分为弧焊变压器、弧焊整流器、弧焊发电机、晶闸管弧焊电源、晶体管弧焊电源等。

第二部分（项目十二~项目十四）

1. 轴流风机由集风器、叶轮、导叶和扩散筒组成。

2. 根据转子形状不同，三相异步电动机分为笼型异步电动机和绕线转子异步电动机。

3. 笼型异步电动机由定子和转子两大部分组成。定子由机座、定子铁心、定子绕组、前端盖、后端盖等组成，转子由转轴、转子铁心、转子绕组、轴承等组成。

4. 笼型异步电动机定子三相绕组有星形（Y）联结和三角形（△）联结两种联结方法。

5. 熔断器常用系列产品有瓷插式、螺旋式、无填料封闭式、有填料封闭管式等类型。

6. 圆筒帽形熔断器应垂直安装，接线遵循"上进下出"原则。

7. 安装熔断器时，各级熔体应相互配合，并要求上一级熔体的额定电流大于下一级熔体的额定电流。

8. 熔断器兼作隔离目的使用时，应安装在控制开关的进线端；当仅作短路保护使用时，应安装在控制开关的出线端。

9. 常用的低压断路器有塑壳式（装置式）和框架式（万能式）两类。

10. 低压断路器用作电源总开关或电动机控制开关时，在电源进线侧必须加装刀开关或熔断器等，以形成一个明显的断开点。

11. 电气原理图是详细表明设备或成套装置的组成和连接关系及电气工作原理，而不考虑其实际位置的一种简图。

12. 电器布置图是根据电器元件在控制板上的实际安装位置，采用简化的外形符号（如正方形、矩形、圆形等）而绘制的一种简图。

13. 电器接线图是根据电气设备和电器元件的实际位置和安装情况绘制的。

14. 画接线图时电器元件的图形符号、文字符号应与电气原理图标注完全一致。同一电器元件的各个部件必须画在一起，并用点画线框起来。各电器元件的位置应与实际位置一致。

15. 按钮是一种短时接通或分断小电流电路的电器，按钮的触头允许通过的电流较小，一般不超过5A。

16. 接触器是一种用来自动接通或断开大电流电路并可实现远距离控制的电器。

17. 交流接触器由电磁系统、触头系统、灭弧装置及辅助部件构成。

18. 对于小容量的接触器，常采用双断口触头灭弧、电动力灭弧、相间弧板隔弧及陶土灭弧罩灭弧。对于大容量的接触器，采用纵缝灭弧罩及栅片灭弧。

19. 热继电器是利用电流的热效应对电动机或其他用电设备进行过载保护的控制电器。热继电器在电路中只能作过载保护，不能作短路保护。

20. 一般情况下，热继电器的热元件整定电流为电动机额定电流的0.95~1.05倍。

21. 当改变通入电动机定子绕组的三相电源相序，即把接入电动机三相电源进线中的任意两相对调接线时，就可使三相异步电动机反转。

22. 电气控制电路故障的常用分析方法有调查研究法、试验法、逻辑分析法和测量法。

 应知应会自测题

第一部分（项目十~项目十一）

一、判断题（正确的打"√"，错误的打"×"）

1. 导体在磁场中做切割磁力线运动时，导体内就会产生感应电动势。（　　）

2. 磁铁的中间磁性最强。（　　）

3. 铁钉可以被磁铁吸引的原因是铁钉被磁化。（　　）

4. 电磁力的大小与导体所处的磁感应强度和电流的乘积成反比。（　　）

5. 自感电动势是由于线圈中有电流通过而引起的。（　　）

6. 电路中所需的各种直流电压可以通过变压器变换获得。（　　）

7. 变压器用作改变电压时，电压比是一、二次绕组的匝数比。（　　）

8. 变压器由铁心和绕组组成。（　　）

9. 自感电动势的方向总是反抗或阻碍电流的变化。（　　）

10. 互感电动势的方向与线圈的绕向无关。（　　）

11. 弧焊变压器输出电压不高，但输出电流较大。（　　）

12. 弧焊变压器是一种弧焊电源。（　　）

二、单项选择题

1. 磁铁的两端磁性（　　）。

A. 最强　　　　　B. 最弱　　　　　C. 与中部一样　　　　D. 与磁铁大小有关

2. 下列现象中，属于电磁感应的是（　　）。

A. 小磁针在通电导线附近发生偏转

B. 通电线圈在磁场中转动

C. 因闭合线圈在磁场中转动而产生电流

D. 以上均不对

3. 磁力线线条稀疏处表示磁场（　　）。

A. 强　　　　　　B. 弱　　　　　　C. 变强　　　　　　D. 无法判断

4. 通过线圈中的电磁感应现象可以知道，线圈中磁通变化越快，感应电动势（　　）。

A. 越小　　　　　B. 不变　　　　　C. 越大　　　　　　D. 无法判断

5. 自感电动势的方向应由（　　）来确定。

A. 欧姆定律　　　　　　　　B. 楞次定律

C. 法拉第电磁感应定律　　　　D. 左手定则

6. 关于电感器，下列说法不正确的是（　　）。

A. 它是利用电磁感应工作的　　　B. 工作原理与变压器相同

C. 二次绕组不允许短路　　　　　D. 二次绕组不允许开路

7. 一台变压器 $U_1 = 220V$，$N_1 = 100$ 匝，$N_2 = 50$ 匝，则 $U_2 = ($ 　　 $)$ V。

A. 1100 　　　　B. 440 　　　　C. 220 　　　　D. 110

8. 变压器的基本工作原理是 (　　)。

A. 电磁感应 　　　　　　　　B. 电流的磁效应

C. 电流的热效应 　　　　　　D. 变换电压

9. 关于交流发电机的原理，下列说法正确的是 (　　)。

A. 利用换向器把直流电变为交流电

B. 利用通电导体在磁场里受力而运动

C. 将电能转换为机械能

D. 利用电磁感应现象工作

10. 变压器主要由铁心和 (　　) 组成。

A. 绕组 　　　　B. 铁皮 　　　　C. 绝缘漆 　　　　D. 接线端

第二部分（项目十二～项目十四）

一、判断题（正确的打"√"，错误的打"×"）

1. 笼型异步电动机由定子和转子组成。(　　)

2. 一个额定电流等级的熔断器只能配一个额定电流等级的熔体。(　　)

3. 在装接 RT18 系列熔断器时，电源线应安装在上接线座，负载线应接在下接线座。(　　)

4. 按钮帽做成不同的颜色是为了标明各个按钮的作用。(　　)

5. 当加在交流接触器线圈上的电压过低时，接触器会因吸力不足而释放。(　　)

6. 接触器自锁控制电路具有欠电压保护和过载保护作用。(　　)

7. 交流接触器的铁心上有短路环，以消除衔铁的振动和噪声。(　　)

8. 热继电器既可作过载保护，又可作短路保护。(　　)

9. 热继电器的热元件应串接于主电路中，可以实现过载保护。(　　)

10. 在接触器联锁的正反转控制电路中，正、反转接触器有时可以同时闭合。(　　)

11. 为了保证三相异步电动机实现反转，正、反转接触器的主触头必须按相同的顺序并接后串联到主电路中。(　　)

12. 在三相异步电动机正反转控制电路中，采用接触器联锁最可靠。（　　）

13. 绝缘电阻表是用来测量设备绝缘电阻的。（　　）

二、单项选择题

1. 熔断器的额定电流应（　　）所装熔体的额定电流。

A. 大于　　　　　　B. 大于或等于　　　　　C. 小于　　　　　　D. 不大于

2. DZ5-20 型低压断路器的过载保护是由（　　）完成的。

A. 欠电压脱扣器　　　　　　　　　　　B. 电磁脱扣器

C. 热脱扣器　　　　　　　　　　　　　D. 失电压脱扣器

3. 按下复合按钮时（　　）。

A. 常开触头先闭合　　　　　　　　　　B. 常闭触头先断开

C. 常开触头先断开　　　　　　　　　　D. 常开、常闭触头同时动作

4. 停止按钮应优先选用（　　）。

A. 红色　　　　　　B. 白色　　　　　　C. 黑色　　　　　　D. 绿色

5. 灭弧装置的作用是（　　）。

A. 引出电弧　　　　　　　　　　　　　B. 熄灭电弧

C. 使电弧分段　　　　　　　　　　　　D. 使电弧产生磁力

6. （　　）是交流接触器发热的主要部件。

A. 线圈　　　　　　B. 铁心　　　　　　C. 触头　　　　　　D. 衔铁

7. 交流接触器操作频率过高，会导致（　　）过热。

A. 线圈　　　　　　B. 铁心　　　　　　C. 触头　　　　　　D. 短路环

8. 能够充分表达电气设备和电器的用途以及电路工作原理的是（　　）。

A. 接线图　　　　　B. 电路图　　　　　C. 布置图　　　　　D. 安装图

9. 同一电器的各元件在电路图中和接线图中使用的文字符号要（　　）。

A. 基本相同　　　　B. 基本不同　　　　C. 完全相同　　　　D. 没有要求

10. 接触器的自锁触头是一对（　　）。

A. 常开辅助触头　　B. 常闭辅助触头　　C. 主触头　　　　　D. 常闭触头

11. 具有过载保护的接触器自锁控制电路中，实现过载保护的电器是（　　）。

A. 熔断器　　　　　B. 热继电器　　　　C. 接触器　　　　　D. 电源开关

12. 具有过载保护的接触器自锁控制电路中，实现欠电压和失电压保护的电

器是（　　　）。

 A. 熔断器　　　　B. 热继电器　　　　　C. 接触器　　　　D. 电源开关

13. 改变通入三相异步电动机电源的相序就可以使电动机（　　　）。

 A. 停速　　　　　B. 减速　　　　　　　C. 反转　　　　　D. 减压起动

14. 电动机铭牌上的工作标识S_1是指（　　　）。

 A. 断续运行　　B. 连续运行　　　　　C. 短时运行　　　D. 额定运行

15. 三相异步电动机的正反转控制的关键是改变（　　　）。

 A. 电源电压　　B. 电源相序　　　　　C. 电源电流　　　D. 负载大小

16. 正反转控制电路，在实际工作中最常用、最可靠的是（　　　）。

 A. 倒顺开关　　　　　　　　　　　　B. 接触器联锁

 C. 按钮联锁　　　　　　　　　　　　D. 按钮、接触器双重联锁

17. 要使三相异步电动机反转，只要（　　　）就能完成。

 A. 降低电压　　　　　　　　　　　　B. 降低电流

 C. 将任意两根电源线对调　　　　　　D. 降低线路功率

18. 在接触器联锁的正反转控制电路中，其联锁触头应是对方接触器的（　　　）。

 A. 主触头　　　　　　　　　　　　　B. 常开辅助触头

 C. 常闭辅助触头　　　　　　　　　　D. 常开触头

19. 在操作按钮联锁或按钮、接触器双重联锁的正反转控制电路时，要使电动机从正转变为反转，正确的操作方法是（　　　）。

 A. 直接按下反转起动按钮

 B. 可直接按下正转起动按钮

 C. 必须先按下停止按钮，再按下反转起动按钮

 D. 必须先按下停止按钮，再按下正转起动按钮

20. 按钮的触头允许通过的电流一般不超过（　　　）A。

 A. 20　　　　　　B. 10　　　　　　　C. 5　　　　　　　D. 1

三、信息搜索

  工作台自动往返电路实质上就是电动机的正反转控制电路，只是增加了行程控制，通过查阅资料了解行程开关和接近开关的使用知识。

 看图学知识

焊接用送丝机电动机

焊接用送丝机电动机采用直流减速电动机。

直流减速电动机，即齿轮减速电动机，是在普通直流电动机的基础上，加上配套齿轮减速器。齿轮减速器的作用是"减速增扭"。

 工匠成长案例4

廖国锋——用做艺术品的心态做产品

廖国锋，柳工机械股份有限公司焊接技术专家，分别获柳州市劳动模范、广西壮族自治区劳动模范、广西最美劳动者、柳州市十大公民榜样、全国劳动模范、全国技术能手等荣誉称号。廖国锋创新工作室被评为国家级技能大师工作室。

图 14-6　廖国锋

苦干巧干练绝技

1993 年，刚满 18 岁的廖国锋从广西横县职业中学农村机电维修专业毕业后，柳州柳工齿轮有限公司做电焊工。随着工作的展开，廖国锋发现，电焊工这碗饭，可真的不是那么好吃。一开始，焊出来的焊件不是不牢固就是有空隙，要么就是不平整，形象差，"比起有经验的师傅们来，那差得可不是一点半点。"廖国锋说道。焊接有平焊、立焊、横焊、仰焊，每个方式都不一样，要得一样一样地学。由于焊接的不规则性，有些焊位地方狭小，必须蹲着、跪着，甚至趴着才能施焊。有的则要高昂着头，伸长了脖子才能焊接。有时，同一个姿势要保持一整天，一整天干下来，连腰都直不起。他花了比别人多的时间来学习焊接理论，投入大量的精力在车间练习焊接技能。10 年坚持不懈的努力，换来了一身的绝招绝技，成为公司里焊接技术超群的工人技术专家，被公司聘为首批技能大师。

备赛公司电焊工技能比武过程中，廖国锋总是第一个走进操作间，最后一个出来。从摆枪位置，焊接参数都在不停地摸索，争取找到最佳点。一天的练习下来，双眼被电焊弧光"灼伤"得像两只红肿的桃子。2004—2007 年，廖国锋连续三届夺得公司电焊工岗位技能大赛冠军，荣耀的背后是艰辛的付出。

艺无止境攀高峰

廖国锋知道，要想焊得好，不仅要"知其然"，还要"知其所以然"。为了学习焊接机器人的理论和编程，他找来了 900 多页像砖头一样厚的《机器人操作指导综合手册》，一边研读一边实践，几年时间，愣是通读了三遍。由于当时使用的是外面厂家提供的电焊设备，平时遇到难题廖国锋就到现场请教厂家的师傅，厂家的师傅不在，他就电话咨询，一定要把难点攻克才肯罢休。

廖国锋还学会了焊接工装设计和复杂焊接工艺编制。1999 年，美国 CASE 公司焊接专家特莱伯来公司进行富氩混合气体保护焊培训，廖国锋每天总是比别人早到晚走，经常找特莱伯先生"开小灶"，最终，他掌握并精通了这门新技术。特莱伯先生赞道："这是我在中国遇到的最好的、最刻苦的、最善于学习的电焊工。"公司产品焊接质量的美誉流传海外，2000 年，公司成为美国 CASE 公司的生产和供应商。

技术创新结硕果

廖国锋主导实施的 CLG855 装载机前车架连接板、前中梁连续船形焊方法，

大大提高了生产效率和焊接的外观质量。他设计制造的主机架护罩拼焊定位工装，使护罩装配合格率由20%提高到99.7%。2013年公司成立"廖国锋（劳模）创新工作室"后，秉承"工匠精神"，攻克技术难题、提炼技艺绝学、传承焊接技能。廖国锋带领他的工作室团队，承担起装载机公司的焊接技能人才培训工作，完成技术攻关、工艺改进及工装设计项目60多项，解决了大量工艺、质量、成本、工效、安全等方面的难题，为公司节约和创造的经济效益近400万元。参与编制国家与行业标准2项，企业标准17项。

中国要从一个制造业大国变身制造业强国，必先培育和弘扬工匠精神。廖国锋说"用一种做艺术品的心态来做自己的产品，享受工作的乐趣"，从个人层面诠释了工匠精神——认真、敬业、执着精神。廖国锋，以焊枪为笔，描绘最炫的彩虹，勾勒中国制造的蓝图。

见贤思齐　阅读案例后，用几个词语写下你的收获与感悟。

_____

_____

_____

_____

模块五

焊接设备的故障维修与保养

项目十五　典型焊接设备的故障维修与保养

任务一　晶闸管弧焊整流器的故障维修与保养
任务二　逆变式弧焊整流器的故障维修与保养
任务三　弧焊变压器的故障维修与保养
任务四　脉冲弧焊电源的故障维修与保养

职业岗位应知应会目标…

知识目标：
➢ 了解晶闸管弧焊整流器、逆变式弧焊整流器、弧焊变压器和脉冲弧焊电源的结构、原理

技能目标：
➢ 能安装晶闸管弧焊整流器、逆变式弧焊整流器、弧焊变压器和脉冲弧焊电源
➢ 能对典型弧焊设备进行维护与保养

素养目标：
➢ 严谨认真、规范操作
➢ 勤学善思、团结协作
➢ 劳动精神、创新精神、劳模精神

<h1 style="text-align:center">任 务 一　晶闸管弧焊整流器的故障维修与保养</h1>

弧焊整流器是将交流电经过变压和整流后获得直流输出的弧焊电源。按主电路所用的整流与控制元件不同分为：硅弧焊整流器、晶闸管弧焊整流器、晶体管弧焊整流器和逆变式弧焊整流器。晶闸管弧焊整流器以其优异的性能已逐步代替了弧焊发电机和硅弧焊整流器，成为目前一种主要的直流弧焊电源。

一、晶闸管弧焊整流器的结构、原理

1. ZDK-500 型晶闸管弧焊整流器

ZDK-500 型晶闸管弧焊整流器具有平、陡降两种外特性，可用于焊条电弧焊、CO_2 气体保护焊、氩弧焊、等离子弧焊、埋弧焊等。ZDK-500 型晶闸管弧焊整流器主要分为主电路、触发电路、反馈控制电路、操纵和保护电路四部分，如图 15-1 所示。

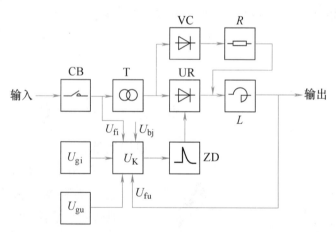

图 15-1　ZDK-500 型晶闸管弧焊整流器组成

变压器 T 和整流器 UR 及电抗器 L 组成主电路。硅整流器 VC 与限流电阻 R 组成维弧电路，维持电弧的稳定燃烧。触发电路 ZD 产生触发脉冲，用于触发整流器 UR 中的晶闸管。控制电路则是控制触发脉冲的相位，从而得到不同的输出电压或电流，获得不同的外特性。整个电路还受操纵、保护电路 CB 控制。

ZDK-500 型晶闸管弧焊整流器的主电路如图 15-2 所示。

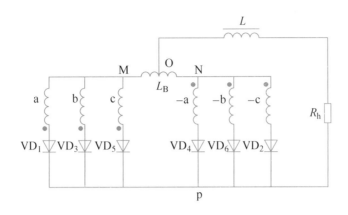

图 15-2　ZDK-500 型晶闸管弧焊整流器的主电路

它是带平衡电抗器的双反星形可控整流电路，其作用是进行可控整流，以获得不同的焊接电流或电压。它有六个晶闸管，主变压器采用三相，其二次侧每相有两个匝数相同的绕组，各以相反极性连成星形，故称为"双反星形"。实际上它是通过平衡电抗器并联起来的两组三相半波整流电路。平衡电抗器的作用是承受两组三相半波整流电路输出电压的差值，使两组电路并联工作，并造成两相同时导电，延长每只管子的导电时间。

在主电路中，输出电抗器有两个作用：一是滤波；二是抑制短路电流峰值，改善动特性。带平衡电抗器的双反星形整流器在主电路中有电抗器时，具有如下特点：

1）带平衡电抗器的双反星形整流电路，相当于正极性和反极性两组三相半波整流电路的并联。

2）任何瞬时，正、反极性组均有一组电路导通工作。

3）输出电压脉动小，触发电路简单。

4）设备容量小，整流元件承载能力强。

2. ZX5 系列晶闸管弧焊整流器

ZX5-400 型晶闸管弧焊整流器的主电路如图 15-3 所示。

它的整流电路都采用带平衡电抗器的双反星形形式。在直流输出电路中的滤波电感具有足够的电感量，可以减小焊接电流波形的脉动程度，而且使主电路具有电阻电感负载，因而当相电压变为负值时，晶闸管并不立即关断。从空载到短路所要求的触发脉冲移相范围为 $0° \sim 90°$。

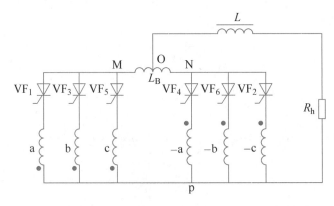

图 15-3 ZX5-400 型晶闸管弧焊整流器的主电路

3. 晶闸管弧焊整流器的特点

1）电源的动特性好，电弧稳定，熔池平静，飞溅小，焊缝成形好，有利于全位置焊接。

2）电源中的推力电流装置，施焊时可保证引弧容易及焊条不易粘住熔池，操作方便，可远距离调节电流。

3）电源中加有连弧操作和灭弧操作选择装置。

4）选择连弧操作时，可以保证电弧拉长，不易熄弧。选择灭弧操作时，配以适当的推力电流可以保证焊条一接触焊件就引燃电弧，电弧拉到一定的长度就熄弧，可调节灭弧的长度。

5）电源控制板全部采用集成电路元件，出现故障时，只需更换备用板，焊机就能正常使用，维修方便。

4. 晶闸管弧焊整流器的技术参数

常用国产晶闸管弧焊整流器的技术参数见表 15-1。

表 15-1 晶闸管弧焊整流器的技术参数

产品型号	额定输入容量/kV·A	一次电压/V	工作电压/V	额定焊接电流/A	焊接电流调节范围/A	负载持续率（%）	质量/kg	主要用途
ZX5-250	14	380	21~30	250	25~250	60	150	焊条电弧焊及氩弧焊
ZX5-400	24	380	21~36	400	40~400	60	200	
ZX5-630	48	380	44	630	130~630	60	260	

二、弧焊整流器的安装

1. 安装前的检查

1）绝缘情况检查。新的或长期未用的弧焊整流器，在安装前必须检查其绝缘情况，可用 500V 绝缘电阻表（兆欧表）测定。测定前，必须先用导线将整流器或硅整流元件或大功率晶体管组短路，以防止上述元器件被过电压击穿。

焊接回路对机壳的绝缘电阻及一、二次绕组对机壳的绝缘电阻应不小于 2.5MΩ（兆欧）。一、二次绕组之间的绝缘电阻应大于 5MΩ。与一、二次回路不相连接的控制电路与机架或其他各回路之间的绝缘电阻应不小于 2.5MΩ。

2）在安装前检查电源内部是否有损坏，各接头是否松动。

2. 安装注意事项

1）检查电网电源功率是否够用，开关、熔断器和电缆选择是否正确。

2）在弧焊整流器与电源间应设有独立开关和熔断器。

3）检测动力线和焊接电缆线的截面和长度，以保证在额定负载时动力线电压降不大于电网电压 5%；焊接回路电缆线总压降不大于 4V。

4）外壳接地。应将机壳接在保护接地线（PE）上。

5）有风扇冷却时，风扇接线一定要保证风扇转向正确。

6）采取防潮措施，最好安装在通风良好、干燥的场所。

三、弧焊整流器的维护保养

1. 日常使用中的维护与保养

1）弧焊整流器不得在不通风的情况下进行焊接工作，以免烧毁硅整流元件。安放弧焊整流器的附近应有足够的空间使排风良好。

2）弧焊整流器切忌剧烈的振动，更不允许对焊机敲击，这样会损坏磁饱和电抗器的性能，使弧焊整流器性能变坏，甚至不能使用。

3）应避免焊条与焊件长时间短路，以免烧毁弧焊整流器。

4）弧焊整流器不应放在高温（环境温度超过 40℃）、高湿度（相对湿度超过 90%）和有腐蚀性气体等场所。

2. 定期的维护与保养

1）要特别留意硅整流元件和晶闸管整流元件的维护和冷却，冷却风扇工作一定要牢靠，应定期维护、清理。如风扇不能正常工作，应立刻停机检查，排除故障。

2）整流元件及电子电路要经常保持清洁、干燥。

3）弧焊整流器内应该经常保持清洁，定期用压缩空气吹净灰尘。机壳上不要堆放金属或其他物品。

4）施焊过程中，如果弧焊整流器出现异常（如过大电流冲击、忽然无输出或性能忽然变差等），应立刻停机检查。

四、晶闸管弧焊整流器的常见故障及排除

晶闸管弧焊整流器的常见故障及排除见表 15-2。

表 15-2　晶闸管弧焊整流器的常见故障及排除

故障现象	可能原因	排除方法
外壳带电	1）电源线误碰机壳 2）变压器、电抗器、风扇及控制电路元器件等碰机壳 3）未接安全地线或接触不良	1）检查并消除碰机壳处 2）消除碰机壳处 3）接妥接地线
空载电压过低	1）电源电压过低 2）变压器绕组短路 3）磁力起动器接触不良 4）焊接回路有短路现象	1）调整电压至额定值 2）消除短路现象 3）使之接触良好 4）检查接地线和焊枪线，消除短路处
输出端无空载电压	1）输出电路接线头有松动或脱开 2）晶闸管无触发 3）面板上调节电位器损坏或接线接触不良 4）"远控"或"近控"操作与面板控制开关位置不符	1）检查并连接好输出电路 2）检查并连接好触发电路是否正常 3）检查并连接好电位器及进线 4）把控制开关位置调到与操作状态一致
焊接电源调节失灵	1）控制绕组短路 2）控制电路接触不良 3）控制整流电路元件击穿	1）消除短路处 2）使之接触良好 3）更换元器件

（续）

故障现象	可能原因	排除方法
机壳发热	1）主变压器一次绕组或二次绕组匝间短路 2）相邻的磁饱和电抗器交流绕组间相互短接，可能是卡进了金属杂物 3）一只或几只整流二极管被击穿 4）某一组（三只）整流二极管散热器相互导通，散热器之间不能相连接，如中间加的绝缘材料不好，或是散热器上留有螺母等金属物，造成短路	1）排除短路情况，二次绕组绕在线圈外层，出现短路的可能性更大 2）清除磁饱和电抗器交流绕组间隙中卡进的螺栓、螺钉等金属物 3）更换损坏的整流二极管 4）更换二极管散热器间的绝缘材料，清除散热器上留有的螺栓、螺母等金属物
焊接电流不稳定	1）主电路交流接触器抖动 2）风压开关抖动 3）控制电路接触不良，工作失常	1）消除交流接触器抖动 2）消除风压开关抖动 3）检修控制电路
按下起动开关不起动	1）电源接线不牢或接线脱落 2）主接触器损坏 3）主接触器触头接触不良	1）检查电源输入处的接线是否牢固 2）更换主接触器 3）修复接触处，使之良好接触或更换主接触器
工作中焊接电压突然降低	1）主电路全部或部分短路 2）整流元件击穿短路 3）控制电路断路或电位器未整定好	1）修复电路 2）更换元件，检查保护电路 3）检修调整控制电路
风扇电动机不转	1）熔断器熔断 2）电动机引线或绕组断线 3）开关接触不良	1）更换熔断器的熔体 2）接好电路 3）使接触良好或更换开关
电压表无指示	1）电压表或相应接线短路或断线 2）主电路故障 3）饱和电抗器和交流绕组断线	1）修复电压表及电路 2）排除主电路故障 3）排除故障
弧焊整流器电流冲击不稳定	1）推力电流调整不合适 2）整流元件出现短路，交流成分过大	1）重新调整推力电流值 2）更换被击穿的硅整流元件
弧焊整流器引弧困难	1）空载电压不正常，故障在主电路中，整流二极管断路 2）交流接触器的三个主触头有一个接触不良	1）更换已损坏的整流二极管 2）修复交流接触器，使接触良好或更换新的交流接触器
弧焊整流器输出电流不稳定	1）焊接电路中的机外导线接触不良 2）调节电流的传动螺杆螺母磨损后配合不紧，在电磁力作用下，动线圈由一个部件移到另一个部件	1）通过外观检查或根据引弧情况来判断焊接电路的导通情况，紧固连接部位 2）查找并更换磨损的螺杆螺母

（续）

故障现象	可能原因	排除方法
振荡并发出噪声	1）电源断相运行 2）晶闸管有一相或一组以上短路 3）运行在整机共振点触发 4）触发电路失控造成触发信号混乱 5）平衡电抗器引起	1）停机检查 2）检查晶闸管并更换 3）调整电流避开共振点 4）检查触发电路 5）检查电抗器线圈是否短路

任务二 逆变式弧焊整流器的故障维修与保养

一、逆变式弧焊整流器的结构、原理

单相或三相 50Hz 的交流电压先经整流、滤波，再通过大功率开关电子器件的交替开关作用，变成几百 Hz 到几十 kHz 的中频电压，后经中频变压器降至适合焊接的几十伏电压。若再次用输出整流器整流并经电抗器滤波，则可将中频交流变为直流输出。

逆变式弧焊整流器的变流顺序是：工频交流→直流→中频交流→降压→交流或直流。因而在逆变式弧焊整流器中可采用两种逆变体制：

输出交流的，其变流顺序为 AC—DC—AC 系统；

输出直流的，其变流顺序为 AC—DC—AC—DC 系统。

通常多采用输出直流（AC—DC—AC—DC）系统。

逆变式弧焊整流器也常称为逆变式弧焊电源，其种类见表 15-3。

表 15-3　逆变式弧焊整流器的种类

序　号	种类名称	所用的大功率开关器件	工作频率/kHz
1	晶闸管式逆变弧焊整流器	快速晶闸管（FSCR）	0.5~5
2	晶体管式逆变弧焊整流器	开关晶体管（GTR）	50
3	场效应晶体管式逆变弧焊整流器	功率场效应晶体管（MOSFET）	20
4	绝缘栅双极晶体管式逆变弧焊整流器	绝缘栅双极型晶体管（IGBT）	10~30

下面介绍一种典型的 IGBT 逆变焊条电弧焊电源电路，如图 15-4 所示。

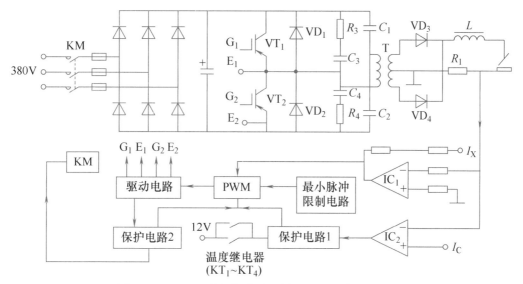

图 15-4　IGBT 逆变焊条电弧焊电源电路原理框图

（1）主电路　三相交流电经三相桥式整流后由电容器滤波得到直流电：由 IGBT 管 VT_1 和 VT_2、电容器 C_1 和 C_2、中频变压器 T 等组成半桥对称式逆变电路，获得中频交流电，其工作频率为 15~25kHz，再经由 VD_3、VD_4 全波整流和电感器 L 滤波，即得直流输出。

（2）控制电路　利用 PWM 控制器，经驱动电路控制 IGBT 的通断，在电流、电压反馈和给定值共同作用下获得所需外特性。I_C 是预置电流门限值，通过 IC_2 与由 R_1 取得的信号进行比较以实现电源短路特性控制，同时还能起到瞬时过电流保护作用。R_3、C_3 和 R_4、C_4 组成阻容吸收回路进行过电压保护，以吸收管子关断过程中产生的尖峰电压，抑制过高的 $\mathrm{d}U/\mathrm{d}t$，保证 VT_1 和 VT_2 的安全。

由 IC_2 和保护电路 1 组成可恢复瞬时过电流保护电路，由 IGBT 驱动电路和保护电路 2 组成以控制 PWM 电路输出的不可恢复的过电流保护，也是为了保证整机的安全。利用温度继电器 $KT_1 \sim KT_4$ 等组成过载保护，以防止功率器件、变压器的过热。

国产 ZX7 系列晶体管式逆变弧焊整流器的技术数据见表 15-4。

表 15-4　ZX7 系列晶体管式逆变弧焊整流器的技术数据

产品型号	额定输入容量/kV·A	一次电压/V	工作电压/V	额定焊接电流/A	焊接电流调节范围/A	负载持续率（%）	重量/kg	主要用途
ZX7-250	9.2	380	30	250	50~250	60	35	用于焊条电弧焊或氩弧焊
ZX7-400	14	380	36	400	50~400	60	70	

二、逆变式弧焊整流器的特点

1）高效节能。逆变式弧焊整流器的效率可达 80%～90%，空载损耗极小，一般只有数十瓦至一百余瓦，节能效果显著。

2）自重轻、体积小。中频变压器的质量只为传统弧焊电源降压变压器的几十分之一，整机质量仅为传统焊接电源的 1/10～1/5。

3）具有良好的动特性和焊接工艺性能，如引弧容易、电弧稳定、焊缝成形美观、飞溅少等。

4）调节速度快。所有焊接参数均可无级调整。

5）具有多种外特性，能适应各种弧焊方法，并适合于与机器人结合组成自动焊接生产线。

三、逆变式弧焊整流器的应用

逆变式弧焊整流器由于具有优良的电气性能和良好的控制性能，容易获得多种形状的外特性曲线和不同的电弧电压、电流波形，良好的动特性，并能输出 1000A 以上的焊接电流，因此逆变式弧焊整流器几乎可以取代现有的一切弧焊电源，可用于焊接各种金属材料及其合金，特别是用于工作空间小、高空作业、用电紧缺等场合。

四、逆变式弧焊整流器的安装

1. 安装前的检查

1）绝缘情况检查。新的或长期未用的电源，在安装前必须检查其绝缘情况，可用 500V 绝缘电阻表测定。测定前，必须先用导线将整流器或硅整流元件或大功率晶体管组短路，以防止上述元器件被过电压击穿。

焊接回路对机壳的绝缘电阻及一、二次绕组对机壳的绝缘电阻应不小于 2.5MΩ（兆欧）。一、二次绕组之间的绝缘电阻应大于 5MΩ。与一、二次回路不相连接的控制电路与机架或其他各回路之间的绝缘电阻应不小于 2.5MΩ。

2）在安装前检查电源内部是否有损坏，各接头是否松动。

2. 安装注意事项

1）检查电网电源功率是否够用，开关、熔断器和电缆选择是否正确。

2）在弧焊电源与电网间应设有独立开关和熔断器。

3）检测动力线和焊接电缆线的截面和长度，以保证在额定负载时动力线电压降不大于电网电压 5%；焊接回路电缆线总压降不大于 4V。

4）外壳接地。应将机壳接在保护接地线（PE）上。

5）有风扇冷却时，风扇接线一定要保证风扇转向正确。

6）采取防潮措施，最好安装在通风良好、干燥的场所。

五、逆变式弧焊整流器的维护与保养

1. 日常使用中的维护与保养

1）空载运转时，听其声音是否正常，再检查冷却风扇是否正常鼓风，旋转方向是否正确。

2）注意不得超出其额定焊接电流和负载持续率工作。

3）检修应由专业维修人员负责，由于机内最高电压达 600V，为确保安全，严禁打开机壳，维修时应做好防止电击等安全防护工作。

2. 定期的维护与保养

1）定期检查机器的绝缘电阻（在用绝缘电阻表测量绝缘电阻前应将硅整流元件的正负极用导线短路）。

2）保持机器清洁与干燥，定期用低压干燥的压缩空气进行清扫工作。

3）机器每年应由维修人员检查机内紧固件及接线有无松动，若有则应及时排除。

六、逆变式弧焊整流器的常见故障及排除

ZX7 系列晶闸管式逆变弧焊整流器常见故障及排除方法见表 15-5。

表 15-5 ZX7 系列晶闸管式逆变弧焊整流器常见故障及排除方法

故 障 现 象	可 能 原 因	排 除 方 法
开机后指示灯不亮，风机不转	1）电源断相 2）断路器损坏 3）指示灯接触不良或损坏	1）解决电源断相 2）更换断路器 3）清理或更换指示灯
开机后无空载电压输出	1）电压表损坏 2）晶闸管损坏 3）控制电路板损坏	1）更换电压表 2）更换晶闸管 3）更换控制电路板

（续）

故障现象	可能原因	排除方法
开机后机器能工作，但焊接电流偏小，电压表指示不在 70~80V 之间	1）三相电源断相 2）换向电容器个别的有损坏 3）控制电路板损坏 4）三相整流桥损坏 5）焊钳电缆截面积太小	1）恢复断相电源 2）更换损坏的换向电容器 3）更换控制电路板 4）更换三相整流桥 5）更换成截面积大的电缆
焊接电源一接通，断路器就立即断电	1）快速晶闸管损坏 2）快速整流管损坏 3）控制电路板损坏 4）电解电容器个别的有损坏 5）过电压保护板损坏 6）压敏电阻器损坏 7）三相整流桥损坏	1）更换快速晶闸管 2）更换快速整流管 3）更换控制电路板 4）更换电解电容器 5）更换过电压保护板 6）更换压敏电阻器 7）更换三相整流桥
焊接过程中出现连续断弧的现象	1）输出电流小 2）输出极性接反 3）焊条牌号选择不对 4）电抗器有匝间短路或绝缘不良的现象	1）增大输出电流 2）更换整流器输出极性 3）更换焊条 4）检查及维修电抗器匝间短路或绝缘不良的现象

任务三 弧焊变压器的故障维修与保养

弧焊变压器的分类、结构、原理见项目十一，在此仅学习弧焊变压器的安装、故障维修与保养知识。

一、弧焊变压器的安装

1. 安装前的检查

1）使用新弧焊变压器或起用长久未用的弧焊变压器之前，应事先检查弧焊变压器有无损坏之处，并按产品说明和有关技术要求进行检验。

2）弧焊变压器一次、二次绕组的绝缘电阻值应分别在 $0.5M\Omega$ 和 $0.2M\Omega$ 以上。若低于此值，应做干燥处理，损坏处需要修复（用绝缘电阻表检测焊机绝缘电阻，使用方法见模块四中职业技能指导 4 绝缘电阻表的使用）。

3）弧焊变压器与电缆的接头处必须拧紧，否则不良的接触不但会造成电能消耗，还会导致弧焊变压器过热，甚至将接线板烧坏。目前可采用电缆连接器进行连接。

2. 安装

接线时首先应注意出厂铭牌上所标的一次电压数值（有 380V、220V，也有 380V 和 220V 两用）与电网电压是否一致。弧焊变压器一般是单相的，多台安装时，应分别接在三相电网上，并尽量使三相平衡。其他要求与弧焊整流器安装相同。

 职业安全提示

安装注意事项

1. 从弧焊变压器连接到焊件上的焊接电缆应采用橡胶绝缘多股软电缆。

2. 弧焊变压器离焊件超过 10m 时，必须适当加粗两根焊接电缆截面，使焊接电缆通过焊接电流时的电压降不超过 4V，否则引弧及电弧燃烧的稳定性会受到影响。

3. 不允许使用角钢、蚊钉、铁板搭接来接长焊接电缆，否则将因接触不良或电压降过大而使电弧燃烧不稳定，影响焊接质量。

二、弧焊变压器的维护与保养

为了保证弧焊变压器的正常使用，必须对弧焊变压器进行日常与定期的维护与保养。

1. 日常使用中的维护与保养

1）保持弧焊变压器内外清洁，经常用压缩空气吹净尘土。

2）机壳上不应堆放金属或其他物品，以防弧焊变压器在使用时发生短路或损坏机壳。

3）弧焊变压器应放在干燥通风的地方，注意防潮。

2. 定期的维护与保养

（1）日维护　开机工作之前检查电源开关、调节手柄、电流指针是否正常，焊接电缆连接处是否接触良好；开机后观察冷却风扇转动是否正常等。

（2）周维护　内外除尘，擦拭机壳；检查转动和滑动部分是否灵活，并定

期加注润滑油；检查电源开关接触情况及焊接电缆连接螺栓、螺母是否完好；检查接地线连接处是否接触牢固等。

（3）年检　拆下机壳，清除绕组及铁心上的灰尘及油污；更换损坏的易损件；对机壳变形及破坏处进行修理并涂装；检查变压器绕组的绝缘情况；对焊钳进行修理或更换；检修焊接电流指针及刻度盘；对破坏的焊接电缆进行修补或更换等。

三、弧焊变压器常见故障及排除

弧焊变压器产生故障的原因绝大多数是由于使用和维护不当所造成的。弧焊变压器一旦出现故障，应能及时发现，立即停机检查，迅速准确地判定故障产生的原因并及时排除故障。

（1）常用检修工具　万用表、绝缘电阻表、钳形电流表等。

（2）检测方法　一般采取"听、看、量、拆"的方法。

弧焊变压器常见故障及排除方法见表15-6。

表15-6　弧焊变压器常见故障及排除方法

故障现象	可能原因	排除方法
弧焊变压器无空载电压，不能引弧	1）地线和焊件接触不良 2）焊接电缆断线 3）焊钳和电缆线接触不良 4）焊接电缆与弧焊变压器输出端接线不良 5）弧焊变压器一、二次绕组断路 6）电源开关损坏 7）电源熔丝烧断	1）使地线和焊件接触良好 2）修复电缆断线处 3）使焊钳和电缆接触良好 4）修复连接螺栓 5）修复断路处或重新绕制绕组 6）修复或更换开关 7）排除故障，更换熔丝
接通电源时，熔丝瞬间烧断	1）一次绕组匝间短路 2）熔丝太细	1）更换绕组 2）更换熔丝
焊接电流不稳定	1）电网电压波动 2）调节丝杠磨损	1）增大电网容量 2）更换磨损部件
输出电流过小	1）焊接电缆过细过长，压降大 2）焊接电缆盘成盘状，电感大 3）地线采用临时搭接而成 4）地线与焊件接触电阻大 5）焊接电缆与弧焊变压器输出端接触电阻过大	1）减小电缆长度或加大线径 2）将电缆放开，不盘绕 3）换成正规铜芯地线 4）采用地线夹头以减小接触电阻 5）使电缆与弧焊变压器输出端接触良好

（续）

故障现象	可能原因	排除方法
焊接电流过大，空载电压过高	1）输入电压接错 2）弧焊变压器绕组接线错	1）改正输入电压 2）改正接线
变压器外壳带电	1）一次或二次绕组碰壳 2）电源线碰壳 3）焊接电缆碰壳 4）接地线未接或接地不良	1）排除碰壳故障 2）检修电源线，使之绝缘良好 3）修理电缆破损部位或更换之 4）接好接地线
弧焊变压器噪声过大	1）铁心叠片紧固，螺栓未旋紧 2）动静铁心间隙过大	1）旋紧紧固螺栓 2）铁心重新叠片
变压器过热	1）变压器过载 2）变压器绕组短路	1）减小焊接电流 2）排除短路

任 务 四　脉冲弧焊电源的故障维修与保养

采用脉冲电流进行焊接由于可以精确地控制焊缝的热输入，使熔池体积及热影响区减小，高温停留时间缩短，因此无论是薄板还是厚板，普通金属、稀有金属及热敏感性强的金属都有较好的焊接效果。

脉冲弧焊电源与一般弧焊电源的主要区别就在于所提供的焊接电流是周期性脉冲式的，还可以变换脉冲电流波形，以便更好地适应焊接工艺的要求。它的控制电路一般比较复杂，维修比较麻烦，在工艺要求较高的场合才应用。目前脉冲弧焊电源主要用于气体保护焊和等离子弧焊，但结构简单、使用可靠的单相整流式脉冲弧焊电源也用在一般场合。

一、脉冲弧焊电源原理

1. 脉冲电流的获得方法

脉冲弧焊电源与一般电源的区别就在于所提供的焊接电流是周期性脉冲式的，包括基本电流、维弧电流和脉冲电流。它调节的工艺参数有脉冲频率、幅值、宽度、电流上升速度和下降速度等，还可以变换脉冲电流波形。

脉冲电流的获得方法有四种，分别为利用电子开关获得脉冲电流、利用阻抗变换获得脉冲电流、利用给定信号变换和电流截止反馈获得脉冲电流、利用硅二极管的整流作用获得脉冲电流。

（1）利用电子开关获得脉冲电流　在普通直流弧焊电源直流侧或交流侧接入大功率晶闸管，分别组成晶闸管交流断续器或直流断续器Q，借助它们作为电子开关获得脉冲电流。在直流侧设开关装置，如图 15-5 所示；在交流侧设开关装置，如图 15-6 所示。

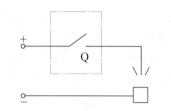

图 15-5　在直流侧设开关装置

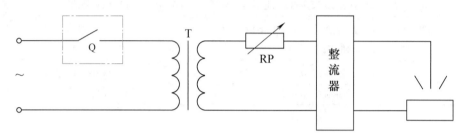

图 15-6　在交流侧设开关装置

（2）利用阻抗变换获得脉冲电流

1）变换交流侧阻抗值。使三相阻抗 Z_1、Z_2、Z_3 数值在不相等的情况下而获得脉冲电流，如图 15-7 所示。

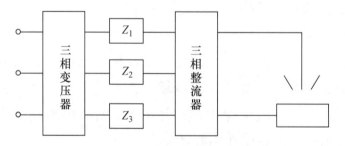

图 15-7　变换交流侧阻抗值

2）变换直流侧电阻值。采用大功率晶体管组来获得脉冲电流。大功率晶体管组既可工作在放大状态，起变换电阻值大小的作用；又可工作在开关状态，起开关作用。

（3）利用给定信号变换和电流截止反馈获得脉冲电流

1）给定信号变换式。在晶体管式、晶闸管式弧焊电源的控制电路中，把脉冲信号指令送到给定环节，从而在主电路中可得到脉冲电流。

2）电流截止反馈式。通过周期性变化的电流截止反馈信号，使晶体管式弧焊电源获得脉冲电流输出。

脉冲弧焊电源可以由脉冲电流电源和基本电流电源并联构成，称为双电源式；也可以采用一台电源来兼顾，称为单电源式或一体式。

（4）利用硅二极管的整流作用获得脉冲电流　采用硅二极管提供脉冲电流，可获得100Hz和50Hz两种频率的脉冲电流。

2. 脉冲弧焊电源的分类、原理

按获得脉冲电流的方法不同，脉冲弧焊电源可分为交流断续器式脉冲弧焊电源、直流断续器式脉冲弧焊电源、阻抗变换式脉冲弧焊电源。

按获得脉冲电流所用的主要器件不同，脉冲弧焊电源可分为单相整流式脉冲弧焊电源、磁饱和电抗器式脉冲弧焊电源、晶闸管式脉冲弧焊电源和晶体管式脉冲弧焊电源。

（1）单相整流式脉冲弧焊电源　它利用晶体二极管单相半波或单相全波整流电路来获得脉冲电流。

1）并联式单相整流脉冲弧焊电源。它由一台普通直流弧焊电源提供基本电流，用另一台有中心抽头的单相变压器和硅二极管组成的单相整流器与其并联，提供脉冲电流，其电路原理图如图15-8所示。

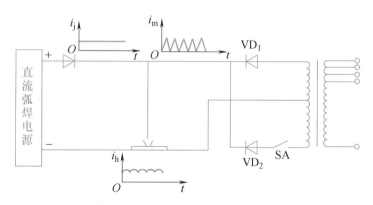

图15-8　并联式单相整流脉冲弧焊电源电路原理图

当开关SA断开时为半波整流，脉冲电流频率为50Hz，开关SA闭合时为全波整流，脉冲电流频率为100Hz。改变变压器抽头可调节脉冲电流的幅值。

如果采用晶闸管代替硅二极管构成可控整流电路，就可以通过控制触发信号的相位来调节脉冲宽度，从而对脉冲电流进行细调。

并联式单相整流脉冲弧焊电源结构简单，基本电流和脉冲电流可以分别调节，使用方便可靠，成本低。但是，它的可调参数不多且会相互影响，所以它

只适合于一般要求的脉冲弧焊工艺。

 特别提示

❖ 一般采用陡降特性的弧焊电源来提供基本电流，用平特性的整流器来提供脉冲电流。

2）差接式单相整流脉冲弧焊电源。差接式单相整流脉冲弧焊电源电路原理图如图 15-9 所示。

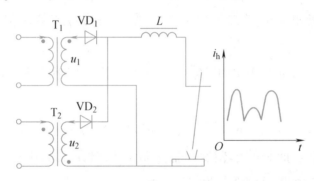

图 15-9　差接式单相整流脉冲弧焊电源电路原理图

图 15-9 所示电路的工作原理与并联式单相整流脉冲弧焊电源基本相同，只是不用带中心抽头的变压器，而改用两台二次电压和容量不同的变压器组成单相半波整流电路，再反向并联而成，在正、负半周交替工作。二次电压较高者提供脉冲电流，二次电压较低者提供基本电流。调节 u_1 和 u_2 时，即可改变基本电流和脉冲电流的幅值以及脉冲焊接电流的频率。当 $u_1 \neq u_2$ 时，脉冲电流频率为 50Hz；当 $u_1 = u_2$ 时，脉冲电流频率为 100Hz。

差接式单相整流脉冲弧焊电源的两个电源都采用平特性。用于等速送丝熔化极脉冲弧焊时，具有电弧稳定、使用和调节方便等特点，但制造较复杂，专用性较强。

3）阻抗不平衡式单相整流脉冲弧焊电源。阻抗不平衡式单相整流脉冲弧焊电源电路原理及电流波形如图 15-10 所示。

它采用正、负半周阻抗不相等的方式获得脉冲电流。图中阻抗 Z_1、Z_2 大小不相等。正半周时，通过 Z_1 为电弧提供基本电流 i_1；负半周时，通过 Z_2 为电弧提供脉冲电流 i_2。因此，改变 Z_1、Z_2 的大小就可以调整脉冲焊接电流的幅值。

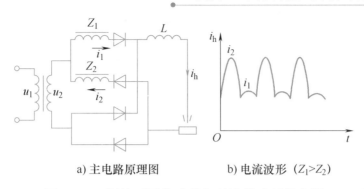

a) 主电路原理图　　　　　b) 电流波形（$Z_1>Z_2$）

图 15-10　阻抗不平衡式单相整流脉冲弧焊电源

阻抗不平衡式单相整流脉冲弧焊电源具有使用简单、可靠的特点，但脉冲频率和宽度不可调节，应用范围受到一定限制。

（2）磁饱和电抗器式脉冲弧焊电源　磁饱和电抗器式脉冲弧焊电源与磁饱和电抗器式弧焊整流器十分相似，它是利用特殊结构的磁饱和电抗器来获得脉冲电流的。磁饱和电抗器式弧焊电源的输出电流，随着磁饱和电抗器的交流感抗的变化而变化，而交流感抗随着交流绕组匝数的增大或控制电流的减小而增大。利用磁饱和电抗器的这一特点，可采用脉冲励磁型或阻抗不平衡型的方式来获得脉冲电流。下面分别介绍这两种型式脉冲弧焊电源的基本原理。

1）脉冲励磁型。脉冲励磁型磁饱和电抗器式脉冲弧焊电源主电路如图 15-11 所示。

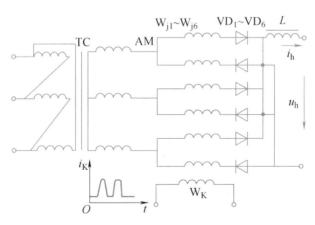

图 15-11　脉冲励磁型磁饱和电抗器式脉冲弧焊电源主电路

它的主电路与普通磁饱和电抗器式弧焊整流器相同，但它的励磁电流不是稳定的直流电流，而是在绕组 W_K 中通入了周期性变化的脉冲电流 i_K，从而获得周期性的脉冲焊接电流 i_h。

2）阻抗不平衡型。阻抗不平衡型脉冲弧焊电源主电路如图 15-12 所示。

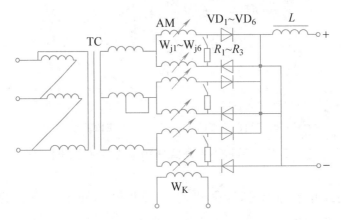

图 15-12　阻抗不平衡型脉冲弧焊电源主电路

它是使三相磁饱和电抗器中某一相的交流感抗增大或减小，引起输出电流有一相不同于另外两相，从而获得周期性脉冲输出电流。此外，也可以通过三相电压不平衡来获得脉冲电流。

磁饱和电抗器式脉冲弧焊电源有下列特点：

1）脉冲电流与基本电流取自同一个变压器，属于一体式，故结构简单，体积小。

2）通过改变磁饱和电抗器的饱和程度，可以在焊前及焊接过程中无级调节输出功率，所以调节焊接参数容易，使用方便。

3）这类脉冲弧焊电源可以方便地利用普通磁饱和电抗器式弧焊整流器经改装而成，并可实现一机多用。

4）由于磁饱和电抗器时间常数大、反应速度慢，使输出脉冲电流频率受到限制。

（3）晶闸管式脉冲弧焊电源　它是在普通弧焊整流器的交流侧或直流侧接入大功率晶闸管断续器而构成，按构成的方式不同又分为交流断续器式和直流断续器式两种。

1）交流断续器式脉冲弧焊电源。这种脉冲弧焊电源是在普通弧焊整流器的交流回路中，即主变压器的一次侧或二次侧回路中串入晶闸管交流断续器，通过晶闸管交流断续器周期性地接通与关断，获得脉冲电流。晶闸管交流断续器能保证在电流过零时自行可靠地关断，因而工作稳定、可靠。它的缺点是输出脉冲电流波形的内脉动很大，施焊工艺效果不够理想，需用基本电流电源提供维弧电流。同时，由于晶闸管的触发相位受弧焊电源功率因数的限制，以致电源的功率得不到充分利用。

2）直流断续器式脉冲弧焊电源。直流断续器式脉冲弧焊电源的直流断续器接在脉冲电流电源的直流侧，起开关作用。按一定周期触发和关断晶闸管，就可获得近似矩形波的脉冲电流。这种脉冲弧焊电源的电流通断容量可达数百安培，频率调节范围广，电流波形近似矩形而对焊接有利，焊接工艺效果较好，可在较高频率下工作以及能较精确地控制熔滴过渡。

采用直流断续器的脉冲弧焊电源，在不熔化极氩弧焊、熔化极氩弧焊、等离子弧焊和微束等离子弧焊以及全位置窄间隙焊中都得到了较为广泛的应用。

（4）晶体管式脉冲弧焊电源　晶体管式脉冲弧焊电源的基本工作原理如图 15-13 所示。

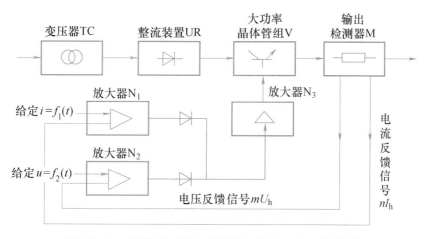

图 15-13　晶体管式脉冲弧焊电源的基本工作原理

这种电源由变压器 TC 降压，再经整流装置 UR 整流，然后在直流主电路中串入大功率晶体管组 V。大功率晶体管组在主电路中既可以起到线性放大器的作用，也可以起到电子开关的作用。

晶体管弧焊电源的控制电路，从主电路中的输出检测器 M 中取出反馈信号（电压反馈信号 mU_h 和电流反馈信号 nI_h），与给定值信号 $i=f_1(t)$ 和 $u=f_2(t)$ 分别在 N_1、N_2 比较放大后得出控制信号，经放大器 N_3 综合放大后，输入控制晶体管组 V 的基极，从而可以获得所需的外特性。

在实际应用中较多采用脉冲电压、电流输出。晶体管式脉冲弧焊电源具有

如下特点：

1）可以在很宽的频带内获得任意波形的输出脉冲电流。

2）控制灵活、调节精度高，对微机控制的适应性较好。

3）通过电子控制电路控制的数值，可以获得十分理想的动特性，减小飞溅。

4）电源外特性可任意调节，因而适用范围广。

该电路的缺点是功耗大，在晶体管上可消耗40%以上的电能，因此效率低。这样既浪费电能，也使晶体管的散热系统较复杂，因此其应用受到一定限制。

二、脉冲弧焊电源的安装

脉冲弧焊电源安装时的注意事项如下：

1）弧焊电源与电网间应装有独立开关和熔断器。

2）机壳接地。应把机壳接到保护接地线（PE）上。

3）采用防潮措施，焊机应安装在通风良好的干燥场所。

4）保证冷却风扇转向正确。通风窗与阻挡物间距不应小于300mm，以便于内部热量顺利排出。

三、脉冲弧焊电源的维护与保养

1. 日常维护与保养

1）保持清洁。

2）不应使电源在过载的状态下使用。

3）搬运时不应受剧烈振动。

2. 定期维护与保养

1）定期检查脉冲弧焊电源的绝缘电阻（在用绝缘电阻表测量绝缘电阻前应将硅整流元件的正负极用导线短路）。

2）保持脉冲弧焊电源清洁与干燥，定期用低压干燥的压缩空气进行清扫工作。

四、脉冲弧焊电源的常见故障及排除

脉冲弧焊电源的常见故障及排除方法见表15-7。

表 15-7　脉冲弧焊电源的常见故障及排除方法

故障现象	可能原因	排除方法
合上电源开关，电源指示灯不亮，拨动焊把开关，无任何动作	1）电源开关接触不良或损坏 2）熔丝烧断 3）指示灯损坏	1）更换开关 2）更换熔丝 3）更换指示灯
电源指示灯亮，水流开关指示灯不亮，拨动焊把开关，无任何动作	1）水流开关失灵或损坏 2）水流量小	1）更换或修复水流开关 SW 2）增大水流量
电源及水流指示灯均亮，拨动焊把开关，无任何动作	1）焊把开关损坏 2）继电器 KA2 损坏	1）更换焊把开关 2）更换 KA2
焊机起动正常，但无保护气输出	1）气路堵塞 2）电磁气阀损坏或气阀线圈接入端接触不良	1）清理气路 2）检修电磁气阀或更换气阀 3）检修接线处
拨动焊把开关，无引弧脉冲	引弧触发电路或脉冲发生主电路发生故障	1）检修 T2 输出侧与焊接主电路连接处 2）检修引弧触发回路及输入、输出端 3）检修脉冲主电路和脉冲旁路回路
有引弧脉冲，但不能引弧	引弧脉冲相位不对或焊接电源不工作	1）对调焊接电源输入端或输出端 2）调节 RP16 使引弧脉冲加在电源空载电压 90°处 3）检修接触器 KM 或焊接电源输入端接线
引弧后无稳弧脉冲	稳弧脉冲触发电路发生故障	先切断引弧触发脉冲，然后检修稳弧脉冲触发电路
接通脉冲弧焊电源，即有脉冲产生	晶闸管 VSCR1、VSCR2 中的一个或两个正向阻断电压过低	更换 VSCR1 和 VSCR2
引弧脉冲和稳弧脉冲互相干扰	引弧脉冲相位偏差过大	调节 RP16 使引弧脉冲加在电源空载电压 90°处
稳弧脉冲时有时无	晶闸管 VSCR1、VSCR2 一只击穿，另一只正向阻断电压低	更换击穿或特性差的晶闸管
引弧脉冲及稳弧脉冲弱，工作不可靠	高压整流电压过低或 R2 阻值偏大	1）检修 VC1 是否有一桥臂损坏而成为半波整流 2）减小 R2 的阻值

职业技能指导5　钳形电流表的使用

测量电流必须把电流表串入被测回路，因此，一定要先断开电路，再接入仪表，测量完毕后，再把仪表拆除，这给测量工作带来许多不便。钳形电流表的突出优点是不必断开被测电路，就可以测量交流电流，这就给电流的测量带来了极大的方便。

1. 钳形电流表外形及结构

钳形电流表的外形及结构如图15-14所示。

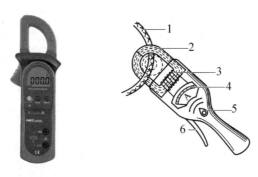

图15-14　钳形电流表的外形及结构

1—载流导线　2—铁心　3—二次绕组　4—电流表　5—量程调节旋钮　6—使铁心张开的手把

钳形电流表有数字和机械式两种，它们的基本结构都是由一个测量交流的电流表、一个能自由开闭的铁心、有多个二次抽头的电流互感器组成，电流表与互感器的二次侧接在一起。使用时，只要先把做成钳形的互感器的铁心打开，将被测导线含入钳口后再闭合钳口，电流表就会显示出被测电流的数值。钳形电流表还配有一个转换开关，通过它可以改变互感器二次绕组的匝数，从而改变电流表的量程。

2. 钳形电流表使用

（1）用前检查

1）外观检查：各部位应完好无损，钳把操作应灵活，钳口铁心应无锈、闭合应严密，铁心绝缘护套应完好，指针应能自由摆动，档位变换应灵活。

2）调整：将表平放，指针应指在零位，否则应调零。

（2）测量步骤

1）选择适当的档位。选档的原则是：若已知被测电流范围，则选用大于被测值但又与之最接近的那一档。若不知被测电流范围，则可先置于电流最高档试测（或根据导线截面积，估算其安全载流量，适当选档），根据试测情况决定是否需要降档测量。总之，应使表针的偏转角度尽可能地大。

2）测试人应佩戴手套，将表平端，张开钳口，使被测导线进入钳口后再闭合钳口。

3）读数：根据所使用的档位，在相应的刻度上读取读数。

4）如果在最低档位上测量，表针的偏转角度仍很小（表针的偏转角度小，意味着其测量的相对误差大），允许将导线在钳口铁心上缠绕几匝，闭合钳口后读取读数。这时导线上的电流值=读数÷匝数。

 特别提示

❖ 档位值即是满偏值。

❖ 匝数的计算：钳口内侧有几条线，就算作几匝。

 职业标准链接

钳形电流表使用规范

❖ 测量前对钳行电流表作充分的检查（检查项目见上文），并正确地选档。

❖ 测试时应佩戴手套（绝缘手套或清洁干燥的线手套），必要时应设监护人。

❖ 需换档测量时，应先将导线自钳口内退出，换档后再钳入导线测量。

❖ 测量时注意与附近带电体保持安全距离，并注意不要造成相间短路和相对地短路。

❖ 不可测量裸导体上的电流。

❖ 使用后，应将档位置于电流最高档，有表套时将其放入表套中，存放在干燥、无尘、无腐蚀性气体且不受振动的场所。

 阅读材料

整 流 桥 堆

整流桥堆又称整流桥，分为全桥和半桥。全桥是由 4 只整流二极管按桥式

全波整流电路的形式连接并封装为一体构成的。整流桥堆外形如图 15-15 所示。

图 15-15　整流桥堆外形

接线时要注意观察器件上的标注。AC 表示交流电，标"AC"的两端接交流输入端，标"+"的为整流输出的正极性端，标"－"的为整流输出的负极性端。

 知识问答

问题：焊接电弧如何分类？

答：焊接电弧的性质与弧焊电源的种类、电弧的状态、电弧周围的介质以及电极材料等有关，按照不同方法分类如下：

1）按电流种类不同分为交流电弧、直流电弧、脉冲电弧（含高频脉冲电弧）。

2）按电弧状态不同分为自由电弧和压缩电弧。

3）按电极材料不同分为熔化极电弧和非熔化极电弧。

 应知应会要点归纳

1. 按主电路所用的整流与控制元件不同分为硅弧焊整流器、晶闸管弧焊整流器、晶体管弧焊整流器和逆变式弧焊整流器。

2. ZDK-500 型弧焊整流器具有平、陡降两种外特性。

3. ZDK-500 型弧焊整流器主要分为主电路、触发电路、控制电路、操纵和保护电路四部分。

4. 输出电抗器有两个作用：一是滤波；二是抑制短路电流峰值，改善动特性。

5. 在弧焊电源与电网间应设有独立开关和熔断器。

6. 逆变式弧焊整流器的变流顺序是：工频交流→直流→中频交流→降压→交流或直流。

7. 逆变式弧焊整流器的效率可达80%~90%，空载损耗极小。

8. 逆变式弧焊整流器的维护与保养包括日常维护保养和定期维护保养。

9. 为了满足弧焊工艺要求，它还应具有以下特点：

1）为保证交流电弧的稳定燃烧，要有一定的空载电压和较大的电感。

2）主要用于焊条电弧焊、埋弧焊和钨极氩弧焊，应具有下降的外特性。

3）为便于焊接参数的调节，弧焊变压器的内部感抗值应可调。

10. 弧焊变压器分为串联电抗器式和增强漏磁式两大类。串联电抗器式分为分体式和同体式。

11. 增强漏磁式分为动圈式、动铁式和抽头式弧焊变压器。

12. 弧焊变压器一般采取"听、看、量、拆"的检修方法。

13. 脉冲弧焊电源所提供的焊接电流是周期性脉冲式的。

14. 目前脉冲弧焊电源主要用于气体保护焊和等离子弧焊。脉冲弧焊电源主要用于焊接热敏感性大的合金钢、薄板结构、厚板的单面焊双面成形。

15. 脉冲电流的获得方法有四种，分别为利用电子开关获得脉冲电流、利用阻抗变换获得脉冲电流、利用给定信号变换和电流截止反馈获得脉冲电流、利用硅二极管的整流作用获得脉冲电流。

 应知应会自测题

一、判断题（正确的打"√"，错误的打"×"）

1. 弧焊整流器是将交流电经过变压和整流后获得直流输出的弧焊电源。（　　）

2. 硅弧焊整流器的电路一般由主变压器、外特性调节机构、输出电抗器等几部分组成。（　　）

3. ZDK-500型弧焊整流器具有平、陡降两种外特性。（　　）

4. ZDK-500型弧焊整流器主要分为主电路、触发电路、控制电路、操纵和

保护电路四部分。（　　　）

5. 弧焊电源与电网间不用设有独立开关和熔断器。（　　　）

6. 焊机外壳接地时，应将机壳接在中性线（N）上。（　　　）

7. 弧焊变压器往往需要增大漏磁通，以获得电流增加时下降的外特性。（　　　）

8. 动铁式弧焊变压器通过调节动铁心和静铁心之间空气间隙来调节焊接电流。（　　　）

9. 脉冲弧焊电源不能利用硅二极管的整流作用获得脉冲电流。（　　　）

10. 脉冲弧焊电源可以变换交流侧阻抗值，使三相阻抗 Z_1、Z_2、Z_3 数值相等而获得脉冲电流。（　　　）

11. 变压器二次绕组的电流增大时，一次绕组的电流减小。（　　　）

12. 遇到人触电时，应先救人，再切断电源。（　　　）

13. 晶闸管弧焊整流器以其优异的性能已逐步代替了弧焊发电机和硅弧焊整流器。（　　　）

14. 弧焊整流器可以在高温、高湿度和有腐蚀性气体等场所工作。（　　　）

15. 常用国产晶闸管弧焊整流器 ZX5-400 主要用于焊条电弧焊和氩弧焊的焊接使用。（　　　）

16. 逆变电源可以做成直流电源，也可以做成交流电源。（　　　）

17. 逆变电源由于采用了先进的电子技术，不再需要变压器，因此逆变电源的体积可以做得很小。（　　　）

18. 弧焊变压器不同于普通变压器的主要之处，在于它的回路中有较大的感抗。（　　　）

19. 增强漏磁式弧焊变压器包括动圈式、动铁心式和抽头式三大类。（　　　）

20. BX1-300 型弧焊变压器由于空载电压较高，故不可以用于低氢型碱性焊条进行交流焊接。（　　　）

21. 弧焊变压器产生焊接电流不稳定故障的原因，可能是电网电压波动，或者是调节螺杆磨损导致。（　　　）

22. 动铁式弧焊变压器随着其容量的增加损耗迅速增大，所以适宜做成中小容量的，目前多制成 400A 以下的弧焊变压器。（　　　）

23. 动圈式弧焊变压器的优点是电流调节范围较宽，空载电压较高，消耗硅

钢片较多。（　　）

24. 动铁式弧焊变压器结构紧凑，移动灵活，引弧容易，焊接电流调节均匀。（　　）

25. 变压器过热应对措施是减小焊接电流或排除绕组短路。（　　）

二、单项选择题

1. 可用于焊接各种金属材料及合金，并能输出 1000A 以上焊接电流的是（　　）。

A. 逆变式弧焊整流器　　　　　　　B. 弧焊交流器

C. 直流弧焊整流器　　　　　　　　D. 整流器

2. 弧焊整流器焊接电路对机壳的绝缘电阻及一、二次绕组对机壳的绝缘电阻应不小于（　　）MΩ。

A. 4　　　　　　B. 5　　　　　　C. 2.5　　　　　　D. 10

3. 逆变式弧焊整流器通常多用（　　）系统。

A. AC—DC—AC　　　　　　　　　B. AC—DC—AC—DC

C. AC—DC—AC—DC-AC　　　　　D. AC—DC

4. 利用硅二极管的整流作用获得脉冲电流，可获得（　　）Hz 和 50Hz 两种频率的脉冲电流。

A. 60　　　　　　B. 150　　　　　　C. 100　　　　　　D. 10

5. 动圈式弧焊变压器是属于（　　）弧焊变压器。

A. 一体式　　　　　　　　　　　　B. 弧焊交流器

C. 正常漏磁式　　　　　　　　　　D. 增强漏磁式

6. 常用的晶闸管弧焊整流器的型号是（　　）。

A. ZX5-400　　　B. ZX7-400　　　C. BX1-300　　　D. BX3-300

7. ZXG-500 型焊机是（　　）弧焊机。

A. 直流　　　　　　B. 交流　　　　　　C. 硅整流

8. 常用的动圈式交流弧焊变压器的型号是（　　）。

A. BX-500　　　B. BX1-400　　　C. BX3-500　　　D. BX6-200

9. 常用的动铁心式交流弧焊变压器的型号是（　　）。

A. BX-500　　　B. BX1-400　　　C. BX3-500　　　D. BX6-200

10. 交流弧焊变压器焊接电流的细调节，是通过变压器侧面的旋转手柄来改变活动铁心的位置实现，当手柄逆时针旋转时活动铁心向外移动，则（　　）。

A. 漏磁减少，焊接电流增大　　　　B. 漏磁减少，焊接电流减小

C. 漏磁增加，焊接电流增大　　　　D. 漏磁增加，焊接电流减小

11. 焊接时，弧焊变压器的电缆盘成盘形，焊接电流（　　）。

A. 增大　　　　B. 减少　　　　C. 不变　　　　D. 不受影响

12. 焊接时，弧焊变压器过热是由于（　　）造成的。

A. 焊机过载　　　　　　　　　　B. 焊接电缆线过长

C. 电焊钳过热　　　　　　　　　D. 焊接时间过长

13. 焊接过程中焊接电流忽大忽小是由于（　　）造成的。

A. 焊机过载　　　　　　　　　　B. 电缆线与焊件接触不良

C. 焊机外壳带电　　　　　　　　D. 焊机损坏

 看图学知识

防触电装置中的地线排与零线排

焊机的电源控制箱中采用剩余电流漏电保护器，当有触电或漏电事故发生时，会自动跳闸，切断电源。

地线排直接固定到金属底板上（最下排正中所示）

零线排则通过绝缘子固定到底板上（右下角所示）。

 工匠成长案例5

易泽武——立足岗位的创新之路

易泽武（图15-16），1972年5月出生于湖南省常宁，中共党员，上汽通用

五菱汽车股份有限公司焊接专家级技师，国家级技能大师工作室领衔人、柳州市劳动模范、自治区劳动模范，享受国务院政府特殊津贴。

图 15-16　易泽武

　　漫步广西柳州街头，一辆辆小巧玲珑、色彩靓丽的两座新能源汽车随处可见，上汽通用五菱生产的首款纯电动汽车，已进入用户试驾阶段。易泽武想都不敢想，农民工出身的自己能够通过技术钻研，成为国家级的专家，能为新能源车的研制保驾护航、为公司降低生产成本。

　　20 世纪 90 年代，易泽武从农村进城务工后，在上汽通用五菱公司找到了一份电焊工的工作，电焊工必须"徒手"拍压零件，贴合到位后才能焊接。当时汽车生产工艺比较落后，零件制造精度不够，两个零件没法完全贴合，有的间隙甚至达到 20mm 左右，一拍不行就两拍，两拍不行再三拍，经常把手都拍得很痛，但是零件的尺寸角度还难以达到技术要求。在老师傅的带领下，易泽武和伙伴们做了大量的实验，改进工装，借助工装夹具来确保零件尺寸精度和一致性。这次技术突破，让易泽武第一次体会到创新的乐趣。针对汽车车身顶盖搬运难的问题，易泽武带着几个徒弟利用废材料做实验，制造出一套气动元件自动感应吊具。这是他自主研发的第一款自动吊具，至此，人工搬运汽车车身顶盖成为历史。

　　20 多年来，"易泽武创新工作室"剑指生产线上的"痛点"，一个个难关被攻克，他们自主设计制造的工装及模具，共节约了超过 890 万元的外包开发费用，生产出 4 代新能源汽车的样车车身，满足前期开发设计多变的要求，助力公司朝着高品质的乘用车制造能力迈进，用更低的成本生产出更好的产品。工

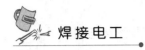

作室先后获得 5 项发明专利、20 多项实用新型专利，发表论文多篇。在管理方法上，建立示范岗、优化培训机制，建立了工作程序化、系统化、条理化、流水化"四化"工作机制。他们的钻研和创新得到了认可，先后获得国家级荣誉 1 项、省部级荣誉 9 项、市级荣誉 4 项、公司级荣誉 12 项。

易泽武的工作科研经历很好地诠释了"爱岗敬业、争创一流、艰苦奋斗、勇于创新、淡泊名利、甘于奉献"的二十四字劳模精神。

见贤思齐	阅读案例后，用几个词语写下你的收获与感悟。

附　录

附 录 A　国产半导体分立器件型号命名方法

一、国产半导体分立器件型号命名

国产半导体分立器件型号命令及其意义见表 A-1。

表 A-1　国产半导体分立器件型号命名及其意义

第一部分		第二部分		第三部分		第四部分	第五部分
用阿拉伯数字表示器件的电极数目		用汉语拼音字母表示器件的材料和极性		用汉语拼音字母表示器件的类别		用阿拉伯数字表示登记顺序号	用汉语拼音字母表示规格号
符号	意义	符号	意义	符号	意义		
2	二极管	A	N 型，锗材料	P	小信号管		
		B	P 型，锗材料	H	混频管		
		C	N 型，硅材料	V	检波管		
		D	P 型，硅材料	W	电压调整管和电压基准管		
		E	化合物或合金材料	C	变容管		
				Z	整流管		
3	三极管	A	PNP 型，锗材料	L	整流堆		
		B	NPN 型，锗材料	S	隧道管		
		C	PNP 型，硅材料	K	开关管		

（续）

第 一 部 分		第 二 部 分		第 三 部 分		第四部分	第五部分
用阿拉伯数字表示器件的电极数目		用汉语拼音字母表示器件的材料和极性		用汉语拼音字母表示器件的类别		用阿拉伯数字表示登记顺序号	用汉语拼音字母表示规格号
符号	意义	符号	意义	符号	意义		
3	三极管	D	NPN 型，硅材料	N	噪声管		
		E	化合物或合金材料	F	限幅管		
				X	低频小功率晶体管 ($f_a<3\text{MHz}$, $P_C<1\text{W}$)		
				G	高频小功率晶体管 ($f_a\geqslant3\text{MHz}$, $P_C<1\text{W}$)		
				D	低频大功率晶体管 ($f_a<3\text{MHz}$, $P_C\geqslant1\text{W}$)		
				A	高频大功率晶体管 ($f_a\geqslant3\text{MHz}$, $P_C\geqslant1\text{W}$)		
				T	闸流管		
				Y	体效应管		
				B	雪崩管		
				J	阶跃恢复管		

二、常用进口半导体器件型号命名（表 A-2、表 A-3）

表 A-2　进口半导体器件型号命名

国　别	一	二	三	四	五	备　注
日本	2	S	A：PNP 高频 B：PNP 低频 C：NPN 高频 D：NPN 低频	两位以上数字表示登记序号	A、B、C 表示对原型号的改进	不表示硅、锗材料及功率大小
美国	2	N	多位数字表示登记序号			不表示硅锗材料、NPN 或 PNP 及功率的大小
欧洲	A 锗 B 硅	C：低频小功率 D：低频大功率 F：高频小功率 L：高频大功率 S：小功率开关 U：大功率开关	三位数字表示登记序号	B：参数分档标志		

表 A-3　韩国三星电子晶体管特性

型　号	极　性	功率/mW	f_T/MHz	用　途
9011	NPN	400	150	高速
9012	PNP	625	80	功放
9013	NPN	625	80	功放
9014	NPN	450	150	低放
9015	PNP	450	140	低放
9016	NPN	400	600	超高频
9018	NPN	400	600	超高频
8050	NPN	1W	100	功放
8550	PNP	1W	100	功放

附 录 B　控制电路安装调试评分标准

接触器联锁正反转控制电路安装调试评分标准见表 B-1。

表 B-1　接触器联锁正反转控制电路安装调试评分标准

项目内容	配　分	评分标准	扣　分
安装元器件	15	1. 不按电器布置图安装扣 15 分 2. 元器件安装不牢固，安装元器件时漏装木螺钉，每只扣 2 分 3. 元器件布置不整齐、不匀称、不合理，每只扣 3 分 4. 损坏元器件，每只扣 5 分	
布线	35	1. 不按电气原理图接线扣 25 分 2. 布线不整齐，不美观： 　1）主电路，每根扣 4 分 　2）控制电路，每根扣 2 分 3. 接点松动、露铜过长、压绝缘层、反圈等，每个接点扣 1 分 4. 损伤导线绝缘或线芯，每根扣 4 分	
通电试车	50	1. 热继电器未整定或整定错扣 5 分 2. 主电路、控制电路配错熔体，每个扣 5 分 3. 第一次试车不成功扣 25 分 　1）第二次试车不成功扣 35 分 　2）第三次试车不成功扣 50 分 4. 违反安全文明生产扣 5～50 分	

（续）

项目内容	配　分	评分标准		扣　分
定额时间	2.5h	每超过 5min 以内，以扣 5 分计算		
开始时间		结束时间	实际时间	
备注		除限定时间外，各项目的最高扣分不得超过配分数	成绩	

注：定额时间可以根据项目实际操作所需时间作相应调整。

附　录　C　控制电路维修评分标准

控制电路维修评分标准见表 C-1。

表 C-1　控制电路维修评分标准

序　号	主要内容	技术要求	评分标准	配分	扣分	得分
1	调查研究	对每个故障现象进行调查研究	排除故障前不进行调查研究，扣 10 分	10		
2	故障分析	在电气控制电路图上分析故障可能的原因，思路正确	错标或标不出故障范围，每个故障点扣 5 分	15		
			不能标出最小的故障范围，每个故障点扣 5 分	15		
3	故障排除	正确使用工具和仪表，找出故障点并排除故障	实际排除故障中思路不清楚，每个故障点扣 5 分	15		
			每少查出 1 处故障点扣 5 分	15		
			每少排除 1 处故障点扣 5 分	15		
			排除故障方法不正确，每处扣 5 分	15		
4	其他	操作有误，要从总分中扣分	排除故障时产生新的故障后不能自己修复，每处扣 10 分			
			新故障已经修复，每处扣 5 分			
			损坏电动机扣 10 分			
备注			合计			
			教师：　　　　　　年　　月　　日			

参 考 文 献

［1］姚锦卫. 电工技术基础与技能［M］. 3 版. 北京：机械工业出版社，2019.

［2］张胜男，王建勋，任廷春. 焊接电工（焊接专业）［M］. 3 版. 北京：机械工业出版社，2018.

［3］姚锦卫，李国瑞. 电气控制技术项目教程［M］. 3 版. 北京：机械工业出版社，2018.

［4］周绍敏. 电工技术基础与技能［M］. 北京：高等教育出版社，2010.

［5］王廷才. 电子技术基础与技能［M］. 2 版. 北京：机械工业出版社，2016.

［6］葛永国. 电机及其应用［M］. 北京：机械工业出版社，2009.

［7］Earl D Gates. 电工与电子技术［M］. 李宇峰，王勇，李新宇，译. 北京：高等教育出版社，2004.

［8］胡斌，胡松. 电子工程师必备——元器件应用宝典［M］. 北京：人民邮电出版社，2012.